图解·一学就会系列

# FANUC 数控系统维修与调试难点及技巧图解

## 第 2 版

耿春波　编　著

机 械 工 业 出 版 社

本书共分 7 章，通过图解的方式讲解了 FANUC 数控系统维修和调试的难点和技巧，主要内容包括故障的快速处理技巧、伺服参数的手动一键设定、SERVO GUIDE 软件的安装和使用方法、主板和驱动器的硬件电路解析、PMC 关于 I/O Link 轴刀库等难点程序的编制，以及 FANUC 最新系统 0i－F 的调试技巧等。通过对这些内容的学习，可帮助读者提高 FANUC 数控系统的维修和调试水平。

本书适合在企业中从事数控设备维修和调试的工程技术人员，职业院校数控设备维修调试、机电一体化、电气自动化及其他相关专业的老师和毕业生使用。

## 图书在版编目（CIP）数据

FANUC 数控系统维修与调试难点及技巧图解/耿春波编著. —2 版. —北京：机械工业出版社，2024.4
（图解·一学就会系列）
ISBN 978-7-111-75603-3

Ⅰ.①F… Ⅱ.①耿… Ⅲ.①数控机床－数字控制系统－图解
Ⅳ.①TG659－64

中国国家版本馆 CIP 数据核字（2024）第 072776 号

机械工业出版社（北京市百万庄大街 22 号　邮政编码 100037）
策划编辑：周国萍　　　　　　责任编辑：周国萍　刘本明
责任校对：高凯月　张昕妍　　封面设计：陈　沛
责任印制：单爱军
北京虎彩文化传播有限公司印刷
2024 年 6 月第 2 版第 1 次印刷
184mm×260mm · 14.5 印张 · 359 千字
标准书号：ISBN 978-7-111-75603-3
定价：69.00 元

电话服务　　　　　　　　　网络服务
客服电话：010-88361066　　机　工　官　网：www.cmpbook.com
　　　　　010-88379833　　机　工　官　博：weibo.com/cmp1952
　　　　　010-68326294　　金　书　网：www.golden-book.com
**封底无防伪标均为盗版**　　机工教育服务网：www.cmpedu.com

# 前　　言

随着数控技术应用的普及，数控维修行业对技术人员调试和维修水平的要求越来越高，因此他们迫切需要学习更为高深的内容，本书就是为此目的而编写的。

在实际生产中通常要求不能停产，本书在第 1 章中介绍了快速处理故障的一些方法。FANUC 系统有很强大的诊断和调整功能，本书在第 1 章和第 3 章详细介绍了 FANUC 伺服调整界面的作用，通过伺服调整界面可以进行数控系统的伺服诊断和手动调整，使伺服系统更好地工作。

FANUC SERVO GUIDE 软件可以对伺服轴和主轴进行调整，本书在第 4 章中详细介绍了 SERVO GUIDE 软件的连接、设置及伺服轴和主轴的调整方法。

本书在第 5 章中介绍了 FANUC 的硬件部分，详细介绍了主板的构成及驱动器、IPM 智能功率模块、光耦等的作用和检测方法，以期读者对数控系统有更深入的了解。 第 2 版加强了对电子电路的介绍，详细讲解了主控接触器 MCC 的电子电路控制方法、IPM 智能功率模块驱动电路及检测、检测光耦 A7860 的使用及检测、开关电源的工作过程、编码器信号的处理、主轴电流的检测、伺服报警 401 内部电路控制过程、常见故障处理等内容。

FANUC PMC 主要完成机床侧的辅助功能，本书第 6 章讲解了 PMC 的难点部分，如 M 辅助功能的实现、刚性攻丝（即攻螺纹）、刀库 I/O Link 轴的控制方法、PMC 的窗口功能、机床报警功能的实现等。 第 2 版增加了对换刀机械手信号及 PMC 程序的分析。

本书在第 7 章中讲解了 FANUC 0i－F 系统的基本参数、伺服参数界面、主轴参数和原点的设置，同时介绍了 I/O Link 的升级版 I/O Link i 的设置方法。

本书在编写过程中，参考了 FANUC 公司的说明书、简明调试手册和北京 FANUC 机电有限公司的技术文献，由于篇幅所限，不能一一列举，在此表示感谢。 感谢齐风娟、耿琦菲的大力协助，特别感谢韩玉兵先生的无私帮助。

为便于一线读者学习使用，书中一些名词术语按行业使用习惯呈现，即未全按国家标准术语统一，敬请谅解。

需要注意的是，FANUC 的产品种类繁多，更新较快，书中的电路图不可能全部囊括，请读者以实物为主。

由于作者水平有限，书中难免有错误和不足之处，敬请读者批评指正。

编　者

# 目　　录

# 第1章　快速维修技巧

在实际工作中，由于生产任务紧，需要快速处理故障，以下提供了一些案例供读者参考。

## 1.1　单轴伺服放大器的屏蔽

单轴是指一个放大器驱动一个电动机，如图 1-1 所示。

图　1-1

**屏蔽放大器的方法**：如果一个驱动器有故障或不使用，可以将其 FSSB 光缆拔下，参数 1023 的值改为 – 128，其余轴参数前移（参数 1023 可设定各轴的轴号），如图 1-2 所示。

1

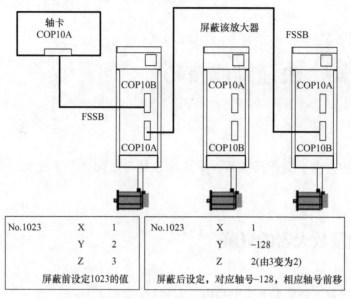

图  1-2

## 1.2  多轴伺服放大器单轴的屏蔽

多轴是指一个放大器驱动两个或两个以上伺服电动机的情况。

**屏蔽其中一个放大器的方法：**如图 1-3 所示，屏蔽 Y 轴放大器，Z 轴保留使用。FSSB

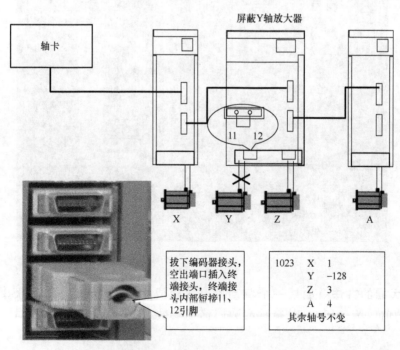

图  1-3

2

光缆不动，将Y轴参数1023的值设为−128，拔下Y轴电动机编码器反馈电缆，空出的放大器的反馈线接口JF×插入终端接头，接头内部需要将11、12引脚短接，因为系统需要反馈信号。

**注意：**

1）因为还要使用Z轴驱动器，所以光缆保持连接，将Y轴电动机反馈线拆掉、放大器反馈线接口JF×插入终端接头，在接头内部将11、12引脚短接。

2）如果不插终端接头，同一放大器的另一轴会产生报警401。

3）如果出现404报警，可将参数1800#1（第一位）设为1。

## 1.3　光栅尺的屏蔽

图1-4中光栅尺出现故障或机床出现振动时，为判断原因，需要将其屏蔽。

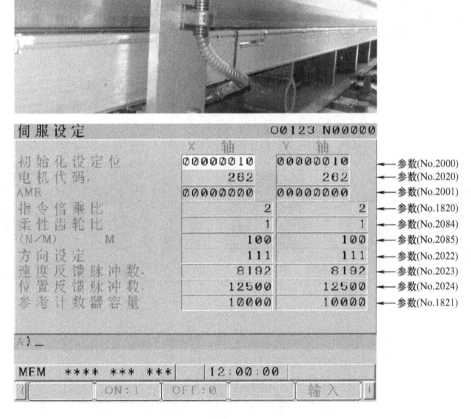

图　1-4

**屏蔽步骤如下：**

1）将对应轴的参数1815#1（第一位）由1改为0，全闭环改为半闭环。

2）按照半闭环设定柔性齿轮比N/M对应参数2084（N）和2085（M）。

$$\frac{N}{M} = \frac{电动机一转机械移动所反馈的脉冲数}{10^6}$$

**例1-1** 丝杠与电动机直联，螺距为10mm，换算成脉冲数为 $10 \times 1000 = 10000$，$10000 \div 1000000 = 1 : 100$，设定 $N/M$ 为1/100；或者 $2084 = 1$，$2085 = 100$。

**注意**：FANUC 0.001mm，即 $1\mu m$ 为一个脉冲。

**例1-2** 丝杠与电动机之间有变速箱，减速比为 $1 : 2$，螺距为10mm，换算成脉冲数 $10 \div 2 \times 1000 = 5000$。

$5000 \div 1000000 = 1 : 200$，设定 $N/M$ 为1/200；或者 $2084 = 1$，$2085 = 200$。

**例1-3** 回转工作台的伺服电动机通过 $1 : 50$ 变速箱相连，换算成脉冲数 $360 \div 50 \times 1000 = 7200$。

$7200 \div 1000000 = 9/1250$，设定 $N/M$ 为9/1250；或者 $2084 = 9$，$2085 = 1250$。

3）设定位置反馈脉冲数，对应参数2024，设定值12500。

4）设定参考计数器容量，对应参数1821，电动机旋转一周所需的位置脉冲数。

例1-1中丝杠螺距为10mm，换算成脉冲数 $10 \times 1000 = 10000$，设定 $1821 = 10000$。

# 1.4 风扇的替换

FANUC 风扇有三根线，红线提供24V电压，黑线提供0V电压，黄线或白线为报警线。FANUC 系统中风扇卡死后，报警线（黄线或白线）和黑线之间会输出5V左右的电压，产生报警，风扇卡死，电压显示4.145V，如图1-5所示。

图 1-5

FANUC 风扇安装在主板和驱动器两个地方，应急处理方法如下：

1）主板风扇，故障后出现701报警（过热，风扇报警）。

应急处理方法一：将参数8901#0设为1，屏蔽风扇报警。

应急处理方法二：切断报警黄线或白线，将送往系统的一端接到黑线，强制系统接收0V信号，屏蔽报警。

2）驱动器风扇，故障后出现报警。

处理方法：将报警线切断，返回系统低电平，如图1-6所示。

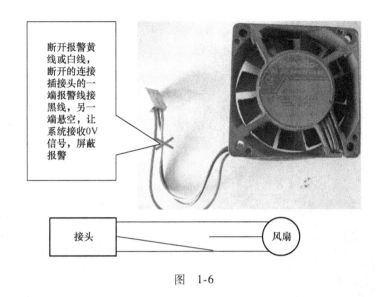

断开报警黄线或白线，断开的连接插接头的一端报警线接黑线，另一端悬空，让系统接收0V信号，屏蔽报警

接头 —— 风扇

图 1-6

风扇相关报警见表1-1。

表 1-1

| 报 警 号 | LED | 报 警 内 容 |
|---|---|---|
| ALM443 | 2 | 电源单元内部冷却风扇停止 |
| ALM606 | A | 电源单元外部冷却风扇停止 |
| ALM444 | 1 | 伺服放大器内部冷却风扇停止 |
| ALM601 | F | 伺服放大器外部冷却风扇停止 |
| ALM9056 | 56 | 主轴放大器内部风扇停止 |
| ALM9088 | 88 | 主轴放大器外部风扇停止 |

βi 系列放大器功率小，可以通过将参数 1807#2 设为 1 屏蔽风扇报警。

**注意：** 以上方法特别适合用户手中的冷却风扇没有报警线的情况，可临时应急处理，强烈建议使用标配的风扇。

FANUC 新型风扇采用脉冲信号进行检测，不再采用高低电平信号检测，因此不能通过将信号线短接低电平的方法屏蔽风扇。新型风扇对应的电源模块型号为 A06B－6200－H×××、A06B－6250－H×××，对应的伺服驱动器模块型号为 A06B－6240－H×××、A06B－6290－H×××，对应的主轴驱动器模块型号为 A06B－6220－H×××、A06B－6270－H×××，对应的主板型号为 FANUC 0i Mate－D（5 包、轴卡集成到主板上）、FANUC 0i－F、FANUC 31i－A、FANUC 31i－B。

# 1.5 保险⊖的替换

FANUC 主板、驱动器和 I/O 模块中都安装有保险，起保护作用，如图 1-7 所示。由于

---

⊖ 保险的专业名词术语为熔丝。

保险的位置拆装不方便且其价格不菲，排除故障时可以采用代换的方法。需要说明的是，故障处理后一定要恢复使用原规格的保险。

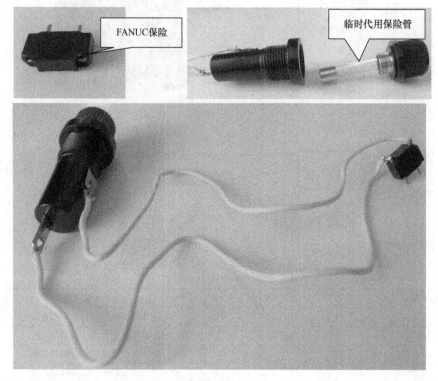

图　1-7

**快速处理**：如果 FANUC 系统专用保险熔断，可采用同规格或稍小的熔断电流保险管临时代替，不可使用超过原来熔断电流的保险管。

# 1.6　主控接触器的工作过程

### 1. 工作原理

系统上电后，各驱动器自检无故障后，同时要求 CX4 的 2、3 引脚接通，一切就绪后，MCC 内部触点 1、3 会自动闭合，MCC 主控接触器线圈得电，MCC 主控接触器触点立即闭合，三相动力电源输入 L1、L2、L3，电源模块整流，输出直流 300V 电压到 P、N 端，P 为 300V 正，N 为 0V。电压的正常范围为 283～339V。

### 2. 应急处理

如果驱动器没有故障，但是主控接触器线圈一直不吸合，可能是内部继电器触点没有闭合。原因可能是内部继电器线圈损坏或触点接触不良，此时可以直接短接 1、3 引脚让 MCC 线圈得电，提供动力电源，使电源模块工作。特别强调，一定要及时更换或维修电源模块，以免产生严重后果。

主控接触器的工作过程如图1-8～图1-10所示。

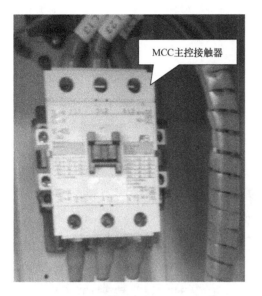

图 1-8

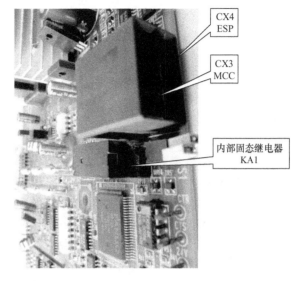

图 1-9

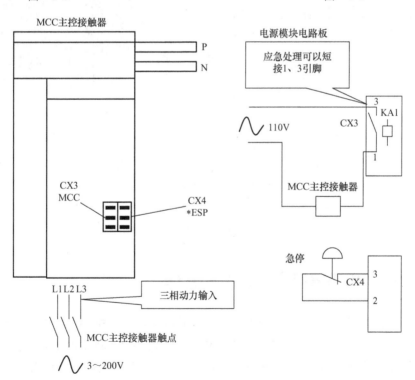

图 1-10

如图1-11所示，电源模块的主控芯片发出MCCON信号，三极管V21导通，内部固态继电器KA1线圈得电，KA1的辅助触点闭合，使得MCC内部触点1、3导通。

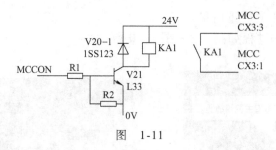

图　1-11

## 1.7　PMC 保持继电器 K 信号的使用

　　FANUC 保持继电器 Keep Relay，又称为 K 参数。FANUC 0i - A 系统保持继电器地址是 K00 ~ K19，其中 K16 ~ K19 为 FANUC 系统专用继电器，K00 ~ K15 为用户使用。FANUC 0i - B/0i - C/0i - D/0i - F 中 K900 ~ K919 为系统专用，K00 ~ K99 为用户使用，如图 1- 12 所示。

　　**实例讲解**：保持继电器的每一位对应 PMC 梯形图中的触点，如果将保持继电器的某一位设为 1，则对应的梯形图触点导通。在图 1-13 中，如果 X1.5 的信号没有导通或者故障，可以在此触点上并联一个梯形图程序中没有使用过的用户保持继电器，如并联了 K0.0 保持继电器，并将保持继电器对应位设为 1，同时短路 X1.5 信号。

| PHC PRM〈KEEP RELAY〉#001 | |
|---|---|
| ADDRESS | DATA |
| K00 | 00000001 |
| K01 | 00000000 |
| K02 | 00000000 |
| K03 | 00000000 |
| K04 | 00000000 |
| K05 | 00000000 |
| K06 | 00000000 |
| K07 | 00000000 |
| K08 | 00000000 |
| K09 | 00000000 |
| K10 | 00000011 |
| K11 | 11110110 |
| K12 | 00001111 |
| K13 | 00000000 |
| K14 | 00000000 |

图　1-12

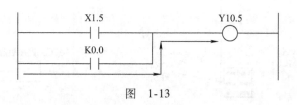

图　1-13

## 1.8　伺服电动机热敏电阻的检测和替换

　　FANUC 伺服电动机内安装有热敏电阻，过热时可保护电动机，如图 1-14 所示，从电动机内部输出的两根线，其阻值为常温下 50 ~ 80kΩ，电阻特性为负温度系数。

　　**FANUC 诊断号 308**：伺服电动机的绕组温度大于 140℃，电动机过热报警。

　　**FANUC 伺服报警号 SV430**：伺服电动机过热。

　　**快速处理**：当出现 FANUC 伺服报警 SV430，如果测量电动机实际温度并不高，就可能是热敏电阻损坏，此时可用一个 100kΩ 的电位器替代热敏电阻，调整电位器的值，同时查看诊断号 308 的值，使其显示在 60℃ 左右即可。同样可以处理主轴电动机中的热敏电阻。

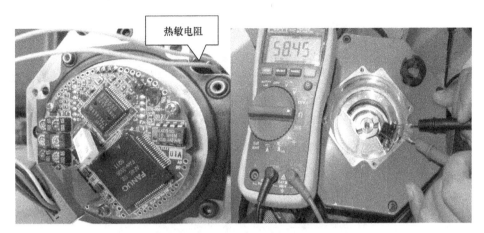

热敏电阻

图 1-14

## 1.9 信号的强制处理

FANUC PMC 可以对信号进行强制，分为强制（普通强制）和自锁强制两种方法。自锁强制比强制在功能上更强，但自锁强制只能强制 X、Y 信号，有的系统不支持自锁强制功能。强制和自锁强制的功能对比见表 1-2。

表 1-2

| 功 能 | 强制<br>（FORCE） | 自锁强制<br>［OVERRIDE（倍率）使能有效］ |
|---|---|---|
| 强制能力 | 可强制信号导通（ON）或关断（OFF），但 PMC 程序如果使用此信号，即恢复为信号实际工作状态，确切地说，受 PMC 程序控制 | 可强制信号导通（ON）或关断（OFF），即使 PMC 使用此信号，也可以维持强制状态，确切地说，信号强制后，不受 PMC 程序控制，仍维持强制后的状态，直到取消自锁强制为止 |
| 适用范围 | 适用于所有信号（F 信号除外） | 只适用于 X、Y 信号 |
| 备注 | 内置编程器有效时可以使用 | 编程器有效和倍率有效时可以使用，只有 FANUC 0i - D、FANUC 31i、FANUC 0i - F type1 等系统有自锁强制功能 |

下面介绍强制和自锁强制操作的步骤。

**1. 强制操作**

1）执行 [SYSTEM] → [▷] → [PMC 配置] → [设定]，进入 PMC 设定界面。设定"RAM 可写入 = 是"或"编程器功能有效 = 是"，如图 1-15 和图 1-16 所示。

2）执行 [SYSTEM] → [▷] → [PMC 维护] → [信号状态] → [操作] → [强制]，按下 ON 信号强制导通，按下 OFF 信号强制关断，如图 1-17 和图 1-18 所示。

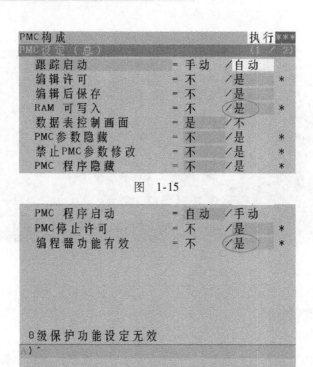

图 1-15

图 1-16

图 1-17

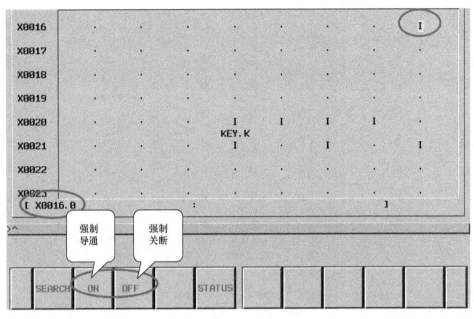

图　1-18

## 2. 自锁强制操作

自锁强制需要设定倍率有效，系统重新启动后即生效。

1）执行 [SYSTEM] → [▷] → [PMC 配置] → [设定] → [PAGE]，设定"倍率有效 = 是"，如图 1-19 所示，系统断电后重新启动。

图　1-19

2）系统重启后自锁强制生效，按下 [强制]，进入图 1-20 所示界面。

3）按下 [倍率设定] 自锁强制生效，按下 [开] 信号导通，按下 [关] 信号关断。

说明：[倍率解除] 取消自锁强制生效；[初始化] 强制恢复初始值。

注意：自锁强制完全不受 PMC 控制，信号会保持其强制后的状态，因此恢复机床正常操作前，应取消所有信号的自锁强制，并设定"倍率有效 = 不"，关闭自锁强制功能，如图 1-21 所示。

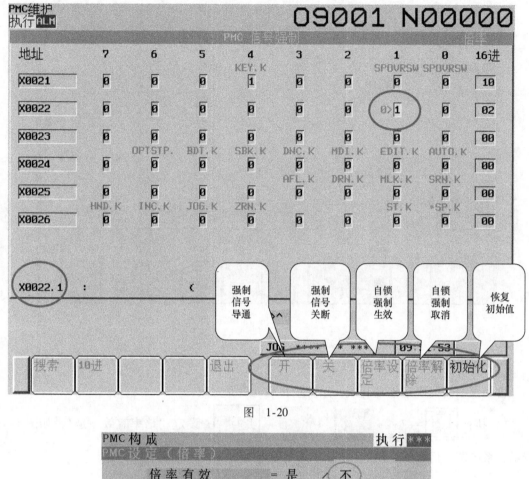

图 1-20

图 1-21

## 1.10 超程的控制和解除

数控机床有超程保护，分为硬限位和软限位。硬限位是指在机床上安装的、有限位保护功能的行程开关，软限位是通过参数控制的。

### 1. 硬限位

对应固定信号，低电平有效，见表1-3。

表 1-3

| | | | | 3 | 2 | 1 | 0 | |
|---|---|---|---|---|---|---|---|---|
| *G114 | | | | + A5 | + A4 | + A3 | + A2 | + A1 |
| *G116 | | | | − A5 | − A4 | − A3 | − A2 | − A1 |

PMC 程序如图 1-22 所示。

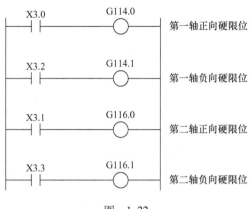

图　1-22

机床超程后，限位行程开关断开，对应的 G 信号为低电平，机床超程报警。

机床正向超程 506 报警：OVER TRAVEL：+n，超过了 n 轴正向的硬件超程。

机床负向超程 507 报警：OVER TRAVEL：−n，超过了 n 轴负向的硬件超程。

**快速处理方法**：机床超程后，将参数 3004 的第 5 位设为 1，屏蔽超程限位信号，可以移动机床。

注意：将机床移到安全位置后，请一定将 3004#5 恢复为 0，使机床限位开关信号有效。

| 参数 | #7 | #6 | #5 | #4 | #3 | #2 | #1 | #0 |
|---|---|---|---|---|---|---|---|---|
| 3004 | | | OTH | | | | | |

### 2. 软限位

参数 1320 各轴正向限位坐标值超程后显示报警号 500：OVER TRAVEL：+n。

参数 1321 各轴负向限位坐标值超程后显示报警号 501：OVER TRAVEL：−n。

**取消软限位的方法：**

1）参数 1320 的值小于参数 1321 的值时，可取消软限位，将参数 1320 设为 −1，参数 1321 设为 1。

2）参数取值变大时，参数 1320 设为 99999999（正的 8 个 9），参数 1321 设为 −99999999（负的 8 个 9）。

3）用 CAN＋P 解除软限位报警。

### 3. 解除实例

**故障现象**：在 X 轴返回参考点的过程中，发生 510 号报警"轴正向过行程报警"，但实际机械位置并没有超过行程，机床停止。

**处理方法**：将参数 1320 的值改为 99999999（8 个 9），取消软限位，重新执行返回参考点。成功返回参考点后，一定要将参数 1320 改回原来的值。同样发生报警号 501 或 511 负向超程时，可以修改 1321 的值。

## 1.11　轴互锁信号的解除

当机床执行特定的动作或处于特定的位置时，可以通过 PMC 的逻辑互锁信号限制机床动作，使其处于保护状态。

### 1. 互锁信号

1）＊IT G8.0：低电平有效。该信号为 0，所有轴自动、手动禁止移动。

2）＊ITx G130：低电平有效。该信号为 0，对应轴自动、手动禁止移动。

| G130 | ＊IT8 | ＊IT7 | ＊IT6 | ＊IT5 | ＊IT4 | ＊IT3 | ＊IT2 | ＊IT1 |
|------|-------|-------|-------|-------|-------|-------|-------|-------|

例如，G130.0 为 0 时，X 轴禁止移动；G130.1 为 0 时，Y 轴禁止移动。

3）＋MIT1～8：高电平有效。该信号为 1，对应轴正向禁止移动。－MIT1～8：高电平有效。该信号为 1，对应轴负向禁止移动。

| G132 | | | | | ＋MIT4 | ＋MIT3 | ＋MIT2 | ＋MIT1 |
|------|--|--|--|--|--------|--------|--------|--------|

例如，G132.0 为 1，禁止 X 轴正向移动。

| G134 | | | | | －MIT4 | －MIT3 | －MIT2 | －MIT1 |
|------|--|--|--|--|--------|--------|--------|--------|

例如，G134.0 为 1，禁止 X 轴负向移动。

### 2. 参数解除

| 3003 | | | | | DIT | ITX | | ITL |
|------|--|--|--|--|-----|-----|--|-----|

参数 3003#0 ITL 设为 1：全轴互锁信号无效，即 G8.0 无效。

　　　　　　　　设为 0：全轴互锁信号有效，即 G8.0 有效。

参数 3003#2 ITX 设为 1：各轴互锁信号无效，即 G130 无效。

　　　　　　　　设为 0：各轴互锁信号有效，即 G130 有效。

参数 3003#3 DIT 设为 1：各轴方向互锁信号无效，即 G132、G134 无效。

　　　　　　　　设为 0：各轴方向互锁信号有效，即 G132、G134 有效。

**说明**：将参数 3003 对应位设为 1，可以取消相应互锁信号。

和参数 3003 相类似，在 FANUC 系统中有很多保护参数，其中常用的是 3100～3301，显示和编辑相关的参数。

1）O9000～O9999：程序保护参数。

① 参数 3202#4（NE9）设为 1 时，程序号 O9000～O9999 不能编辑。

② 参数 3210 口令，在此参数中设定口令，即俗称的密码。

③ 参数 3211 关键字，在此参数中输入关键字，与参数 3210 的值相同时，可以编辑 O9000～O9999 程序，否则不能编辑。当编辑 O9000～O9999 程序时，要将参数 3202#4 设为 0。如果参数 3210 中设定了密码，需要在参数 3211 中输入与参数 3210 相同的口令，然后才能编辑

O9000～O9999 程序。

2）SYSTEM 无效参数 3208#0 设为 1，MDI 面板上的 SYSTEM 无效

3）参数 3111 设置要点：

#0 SVS 设为 0，不显示伺服设定界面；设为 1，显示伺服设定界面。

#1 SPS 设为 0，不显示主轴设定界面；设为 1，显示主轴设定界面。

#2 SVP 在主轴调整界面上，显示同步误差值，设为 0，是瞬时值；设为 1，是峰值。

#5 OPM 是否显示运行监视界面，设为 0，不显示；设为 1，显示。

#6 OPS 运行监视界面主轴速度显示，设为 0，为主轴电动机速度；设为 1，为主轴速度。

#7 NPA 发生报警或输入操作信息时，设为 0，切换到报警/信息界面；设为 1，不切换到报警/信息界面。

# 第2章 伺服调整界面详解

FANUC 伺服调整界面包含很多信息，在此做详细解释，如图2-1所示。

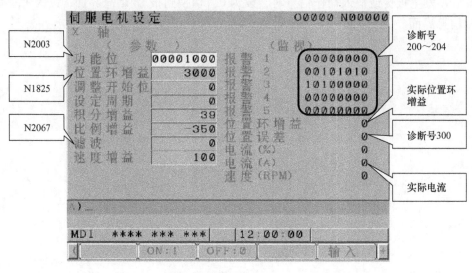

图 2-1

## 2.1 速度增益的设定和作用

速度增益是伺服调整中非常重要的一个参数，与加工表面质量、机床振动密切相关。速度增益值调大，表面质量会提高，但是过大会引起机床振动，一般设定值为200。通常情况下，应该使用 FANUC 的 SERVO GUIDE 软件，通过频率响应功能能设定速度增益值。如果没有 SERVO GUIDE 软件，在手动调整的情况下，速度增益的初始值设为100，每次增加50，直到电动机出现振动，那么速度增益应设为出现振动时的值的70%。例如，出现电动机振动时的速度增益值是300，速度增益应设为210（300×70%）。

**1. 速度增益的计算**

速度增益的计算公式为

$$速度增益 = \frac{电动机惯量 + 负载惯量}{电动机惯量} \times 100$$

**计算举例**：某电动机惯量为 $0.0020 \text{kg} \cdot \text{m}^2$，负载惯量为 $0.0030 \text{kg} \cdot \text{m}^2$。

$$速度增益 = \frac{0.0020 + 0.0030}{0.0020} \times 100 = 250$$

**注意**：由于实际情况非常复杂，计算值仅供参考，以实际调试的值为准。

**2. 参数 2021 负载惯量比的计算**

参数 2021 负载惯量比的计算公式为

$$参数\,2021 = \frac{负载惯量}{电动机惯量} \times 256$$

**计算举例**：某电动机惯量为 $0.0020\mathrm{kg \cdot m^2}$，负载惯量为 $0.0030\mathrm{kg \cdot m^2}$。

$$参数\,2021 = \frac{0.0030}{0.0020} \times 256 = 384$$

**3. 速度增益与参数 2021 的换算关系**

速度增益与参数 2021 的换算关系为

$$速度增益 = \frac{参数\,2021 + 256}{256} \times 100$$

**计算举例**：$速度增益 = \dfrac{384 + 256}{256} \times 100 = 250$

**注意**：机床振动与速度增益相关，机床出现振动时，在降低速度增益、位置环增益之前，首先要使用转矩指令滤波器进行调整。转矩指令滤波器对应伺服调整界面的滤波，见 2.3 节。在一般情况下，滤波的值设定为 1166，不要设定为 2400 以上的值，因为振动会加大。只有在有机床的机械刚性不足、间隙过大等原因，且使用转矩指令滤波器不能消除振动时，才降低速度增益，每次降低 50 左右。

调大速度增益值，其实质是增大伺服电动机的电流，从而增大电动机的转矩，间接提高机床的刚性。降低速度增益之后，虽然会降低或消除振动，但同样会降低机床的刚性。所以出现振动后，应该用 SERVO GUIDE 软件的滤波器功能消除振动，这样不会降低机床的刚性，甚至还可以提高速度增益值，从而提高机床的刚性，而不是直接降低速度增益值。总之，不要急于降低速度和位置增益值！

# 2.2 位置环增益的设定和位置误差的计算

位置环增益对应参数 1825，设定单位为 $0.01\mathrm{s^{-1}}$。位置环增益和加工精度有关。在进行直线与圆弧等插补时，各轴的位置环增益要设定相同的值，而且以各轴中最小的位置环增益作为统一值设定。如果机床只做定位，如冲床或钻床，各轴位置环增益可不同。位置环增益越大，位置控制的响应越快，但如果太大，系统不稳定，会出现振动。半闭环控制系统中的位置环增益可设定为 5000，全闭环控制系统中可设定为 3000。

**1. 位置环增益与伺服响应时间的换算**

位置环增益与伺服响应时间的换算如下：

$$伺服响应时间 = \frac{1}{(1825) \times 0.01}$$

因为位置环增益的单位为 $0.01s^{-1}$，所以其值乘以 $0.01$，然后被 1 除，最后得到的值的单位是 s。

**换算举例：** 某轴位置环增益 1825 设为 5000，则有

$$响应时间 = \frac{1}{(1825) \times 0.01} = \frac{1}{5000 \times 0.01} = 0.02s$$

### 2. 位置误差与位置环增益的换算

位置误差与位置环增益的换算如下：

$$位置误差 = \frac{进给速度}{(1825) \times 60}$$

进给速度单位为 mm/min、in/min、(°)/min。

位置误差单位为 mm、in、°。

**换算举例：** 某轴进给速度为 1200mm/min，位置环增益为 2000，则有

$$位置误差 = \frac{1200}{2000 \times 60} = 0.01mm$$

由以上换算可知，位置环增益越大，伺服响应越快，位置误差越小。

诊断号 300 用检测单位表示轴位置为

$$DGN300 \text{ 的值} = \frac{进给速度}{(1825) \times 60} \times \frac{1}{检测单位}$$

因为 FANUC 的检测单位为 0.001mm，所以 DGN300 的值是位置误差的 1000 倍。位置误差对应诊断号 300，因为诊断号 300 的值的单位为 $\mu m$（微米），$1\mu m$ 又称为一个脉冲，所以位置误差要乘以 1000。

DGN300 的值 = 位置误差 × 1000

因此在上面的例子中，轴在移动时，诊断号 300 的值应该为 10 左右，如图 2-2 所示。

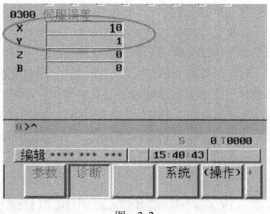

图　2-2

## 2.3　滤波的使用方法

滤波对应参数 2067，转矩指令滤波器又称为 TCMD 滤波器，对转矩指令进行 1 次低通滤波设定，设定值为 1166(200Hz) ~ 2327(90Hz)。

机床振动时，在手动调整的情况下，在滤波中输入 1166，对应的频率为 200Hz，见表 2-1。如果振动依旧，再降低速度增益，消除振动。如果使用 SERVO GUIDE 软件，首先测试频率响应曲线。如果在响应带宽（0dB 线）上出现共振点，测出共振点处频率，将此频率值输入 SERVO GUIDE 软件的 TCMD 滤波器中，以消除振动。

表　2-1

| 截止频率/Hz | 参　数　值 | 截止频率/Hz | 参　数　值 |
|---|---|---|---|
| 60 | 2810 | 140 | 1700 |
| 65 | 2723 | 150 | 1596 |
| 70 | 2638 | 160 | 1499 |
| 75 | 2557 | 170 | 1408 |
| 80 | 2478 | 180 | 1322 |
| 85 | 2401 | 190 | 1241 |
| 90 | 2327 | 200 | 1166 |
| 95 | 2255 | 220 | 1028 |
| 100 | 2185 | 240 | 907 |
| 110 | 2052 | 260 | 800 |
| 120 | 1927 | 280 | 705 |
| 130 | 1810 | 300 | 622 |

在一般情况下，滤波的值设定为 1166；不要设定为 2400 以上的值，因为振动会加大。

## 2.4　功能位、积分增益、比例增益的作用

参数 2003 设置如下：

| 参数 | #7 | #6 | #5 | #4 | #3 | #2 | #1 | #0 |
|---|---|---|---|---|---|---|---|---|
| 2003 | | | | | PIEN | | | |

#3（PIEN）　0：速度控制方式，使用 I－P 控制。

　　　　　　1：速度控制方式，使用 PI 控制。

　　　　　　P 为比例，I 为积分。

积分增益对应参数 2043，速度环积分增益（PK1V）在控制中起"求稳"作用。

比例增益对应参数 2044，速度环比例增益（PK2V）在控制中起"快速"作用。

功能位#3 设为 0，为 I－P 控制，先积分后比例。转矩图如图 2-3 所示，电动机起动时平稳，适合机械刚性较好的小型机械，因为其起动时不需要一个大的转矩。

功能位#3 设为 1，为 PI 控制，先比例后积分。转矩图如图 2-4 所示，电动机起动时，有一个大的转矩，适合机械刚性不太好的大型机床，因为负载较大会有滞后，使用 PI 控制可以提高启动性能。

手动调整（不用 SERVO GUIDE 软件）一般不调整积分增益和比例增益，以系统默认为准。

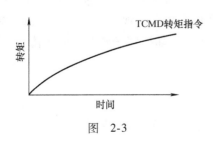

图　2-3

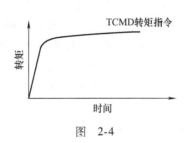

图　2-4

## 2.5　位置环增益的监视

监视栏的位置环增益显示的是位置环增益的实际值，如图 2-5 所示。当机床移动时，显示值与参数栏的位置环增益相差很大，可能原因是柔性齿轮比（$N/M$）等伺服设定错误。

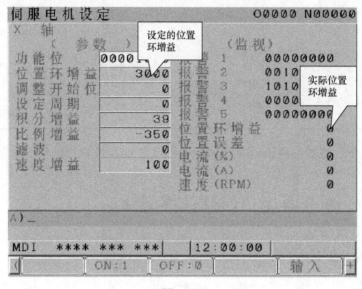

图　2-5

## 2.6　位置误差的监视

监视栏的位置误差显示实际位置的偏差量，对应诊断号 300，计算方法见 2.2 节。

## 2.7　电流（％）和电流（A）的用途

电流（％）显示的是电动机实际电流与电动机额定电流的百分比，电流（A）显示的是电动机的实际电流值，主要有以下两个用途。

**用途一：确定负载状况。**

机床平稳运行时，一般电流（％）值小于 20％，垂直轴（立式加工中心的 $Z$ 轴）带抱闸电流可能大一些，一般小于 30％。机床维修维护人员可以观察并记录每个轴正常运行时的电流百分比，作为参照的依据。一旦机床出现故障，如抱闸未脱开，或者传动系统故障，对比正常时的值，及时做出判断。

**用途二：作为手动调整快速移动（G00）和切削进给（G01、G02 等）的加减速时间常数的依据。**

FANUC 加减速类型分为指数型、直线型、钟型，常用直线型和钟型。

| 参数 | #7 | #6 | #5 | #4 | #3 | #2 | #1 | #0 |
|------|----|----|----|----|----|----|----|----|
| 1610 | | | | | | | CTB | CTL |

| 加减速类型 | #1 CTB | #0 CTL | 说　　明 |
|------------|--------|--------|----------|
| 指数型 | 0 | 0 | 加工时轮廓误差大，不建议使用 |
| 直线型 | 0 | 1 | |
| 钟型 | 1 | 0 | |

**1. 快速进给加减速时间常数**

快速进给钟型加减速时间常数 T1（ms）对应参数 1620，范围为 0～4000。

快速进给钟型加减速时间常数 T2（ms）对应参数 1621，范围为 0～512。

设定参数 1621 可以缓和加减速时机床的振动，使加减速的开始曲线和结束曲线为圆弧形，如果 1621 的值为 0，则快速进给为直线型。

**2. 切削进给加减速时间常数**

切削进给加减速时间常数（ms）对应参数 1622，值是 8 的倍数，各插补轴设定值要一样，刀库和托盘等外部轴可以设定不同的值。

**手动调整快速移动和切削进给的加减速时间常数时，观察电动机的电流（%）：一般情况下，机床起动过程中电流（%）值小于 200%，平稳运行中小于 30%。**

（1）快速移动时间常数 1620、1621 的手动调整方法　快速运行时，主要考虑冲击，时间常数设定得过小，则冲击太大；时间常数设定得过大，则加速太慢，效率又过低。G00 快速运行时，要优先考虑冲击，尤其是大型机床。

通过观察伺服调整界面，手动调整快速移动时间常数，主要有以下三种方法：

1）观察伺服调整界面，在快速移动加减速时电流（%）的值不能过大，电流（%）不超过 200%。快速移动开始的瞬间冲击最大，必须合理设定加减速时间参数。

**换算举例：** 某电动机的额定电流为 20A，最大电流为 40A。在加减速时，观察电流值，不得超过 40A，电流（%）不超过 200%，40/20×100% = 200%。

2）观察伺服调整界面，在空载情况下，在快速移动平稳运行的过程中，电流（%）不超过 30%（水平轴最大不超过 50%）。和快速移动开始瞬间的情况不同，平稳运行为长时间工作状态，必须保证电流不能过大。

3）观察伺服误差 DGN300，快速移动开始的时候其值不能太大。

另外，在快速移动停止时，DGN300 的值不能反向，如果反向，则证明时间常数设定过小，应该增大。

设定完成后，可用手触摸机床，不能有过大的振动和冲击。

**建议：** 小型机床的 1620、1621 设定值为 100ms，大型机床的 1620、1621 设定值为 200ms，使用 AICC（智能轮廓控制）加工时设定为 32ms。

（2）切削进给时间常数 1622 的手动调整方法　插补后切削进给加减速时间常数（ms）对应参数 1622，值可以设为 16、24、32、48 等 8 的倍数。

切削进给和快速移动的区别：切削进给的速度较快速移动的速度低，不容易造成冲击，切削进给调整的侧重点和快速移动不同，它主要考虑平稳性。

通过观察伺服调整界面，手动调整切削进给时间常数，有以下三种方法：

1）切削时，必须先观察实际的位置环增益值和设定值是否一致，可以确认位置脉冲数和 $N/M$ 参数设定是否正确。

2）DGN300 在切削运行的过程中显示值是否正确，观察该值是否稳定，要求波动在 2 以内。

3）观察伺服调整界面的电流值，电流（%）小于30%。

对于实际的切削加减速时间常数，最好是通过 SERVO GUIDE 软件以实际的加工速度来进行准确设定。

## 2.8 报警的含义和作用

伺服电动机设定报警界面如图 2-6 所示。

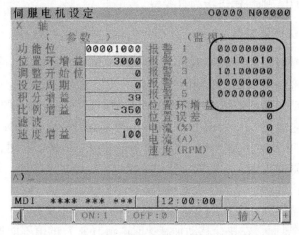

图 2-6<sup></sup>

报警界面和 FANUC 诊断号一一对应：报警 1 对应 DGN200；报警 2 对应 DGN201；报警 3 对应 DGN202；报警 4 对应 DGN203；报警 5 对应 DGN204。

（1）报警 1 诊断号 DGN200　报警 1 诊断号 DGN200 设置如下：

| OVL | LV | OVC | HCA | HVA | DCA | FBA | OFA |
| --- | --- | --- | --- | --- | --- | --- | --- |

#7（OVL）：过载报警（过热报警）。

#6（LV）：电压不足报警。

#5（OVC）：过电流报警。

#4（HCA）：异常电流报警。

#3（HVA）：过电压报警。

#2（DCA）：放电电流报警。

---

⊖ 伺服电机即正文中的"伺服电动机"。

#1（FBA）：断线报警。

#0（OFA）：溢出报警。

（2）报警2诊断号DGN201　报警2诊断号DGN201设置如下：

| ALD | | | EXP | | | | |
|-----|--|--|-----|--|--|--|--|
| | | | | | | | |

系统出现过载报警，此时报警1（DGN200）的#7（OVL）=1，再参照报警2。

| 报警1（DGN200）#7 = 1 | 过热报警 |
|----------------------|----------|
| 报警2 的#7（ALD）= 0 | 放大器过热 |
| 报警2 的#7（ALD）= 1 | 电动机过热 |

系统出现断线报警，此时报警1（DGN200）的#1（FBA）=1，再参照报警2。

| 报警1（DGN200）#1 = 1 | | 断 线 报 警 |
|----------------------|--|-------------|
| 报警2（DGN201） | | |
| ALD | EXP | |
| 1 | 0 | 内装编码器断线（硬件） |
| 1 | 1 | 分离型编码器断线（硬件） |
| 0 | 0 | 脉冲编码器断线（软件） |

（3）报警3诊断号DGN202　报警3诊断号DGN202设置如下：

| | CSA | BLA | PHA | RCA | BZA | CKA | SPH |
|--|-----|-----|-----|-----|-----|-----|-----|
| | | | | | | | |

#6（CSA）：串行编码器的硬件出现异常。

#5（BLA）：电池的电压过低（警告）。

#4（PHA）：串行脉冲编码器或反馈电缆出现异常，反馈信号计数器有误。

#3（RCA）：串行编码器出现不良，转数计数器有误。

#2（BZA）：电池的电压变为0，换电池，设定参考点。

#1（CKA）：串行编码器不良，内部时钟停止。

#0（SPH）：串行编码器或反馈电缆出现异常，反馈信号计数器有误。

（4）报警4诊断号DGN203　报警4诊断号DGN203设置如下：

| DTE | CRC | STB | PRM | | | | |
|-----|-----|-----|-----|--|--|--|--|
| | | | | | | | |

#7（DTE）：串行脉冲编码器的通信异常，通信没有应答。

#6（CRC）：串行脉冲编码器的通信异常，传送数据有误。

#5（STB）：串行脉冲编码器的通信异常，传送数据有误。

#4（PRM）：数字伺服检测到报警，参数设定值不正确。

（5）报警5诊断号DGN204　报警5诊断号DGN204设置如下：

| | OFS | MCC | LDA | PMS | | | |
|--|-----|-----|-----|-----|--|--|--|
| | | | | | | | |

#6（OFS）：A/D转换时产生异常电流值。

#5（MCC）：伺服放大器的电磁接触器的触点粘连。

#4（LDA）：串行脉冲编码器LED异常。

#3（PMS）：串行脉冲编码器出现故障或反馈电缆异常引起反馈错误。

## 2.9 速度的含义

监视栏的速度显示电动机的实际转速，单位是转/分（r/min）。

## 2.10 功能位的含义

功能位对应参数2003，参数2003设置如下：

| #7 | #6 | #5 | #4 | #3 | #2 | #1 | #0 |
|------|------|------|------|------|------|------|------|
| VOFS | OVSC | BLEN | NPSP | PIEN | OBEN | TGAL | |

TGAL（#1）：软件断线报警的检测水平。

　　0：标准设定（不能修改系统参数2064）。

　　1：调低检测标准（可以修改系统参数2064）。

软件断线报警号为ALM445，原因是指令值与反馈值相比较，产生一个较大误差，这常是由于机械间隙造成的。可以将其放大，称为降低检测标准。

TGAL＝0 系统参数不可修改。FANUC 16/18 0i 系统参数为2064，标准值为4。

TGAL＝1 系统参数可修改。FANUC 16/18 0i 系统参数为2064，其值成倍调大，如原为4，可改为8、16等。

**注意**：4、8并不代表一个具体值，而只代表一个级别，一般设为4，大型龙门设备由于机械惯性大，应设为8。

OBEN（#2）：速度控制观测器功能。机械系统以高于100Hz的频率共振时，用于去除高频振动分量，使速度环稳定，同时调整参数2047、2050、2051。

　　0：速度控制观测器功能无效。

　　1：速度控制观测器功能有效。

参数2047：观测器系数（POA1），电动机固有参数，不要修改。

参数2050：观测器增益系数（POK1），标准值为956。

参数2051：观测器增益系数（POK2），标准值为510。

**注意**：以上参数通常使用标准值，不修改。

振动频率对应的参数值见表2-2。

PIEN（#3）：速度控制方式IP－PI切换功能。

　　0：IP积分比例驱动（详见2.4节）。

　　1：PI比例积分驱动。

表　2-2

| 截止频率/Hz | POK1（No. 2050） | POK2（No. 2051） |
|---|---|---|
| 10 | 348 | 62 |
| 20 | 666 | 237 |
| 30 | 956 | 510 |
| 40 | 1220 | 867 |
| 50 | 1460 | 1297 |
| 60 | 1677 | 1788 |
| 70 | 1874 | 2332 |

NPSP（#4）：N 脉冲抑制功能，抑制停止时的振动。

　　0：N 脉冲抑制功能无效。

　　1：N 脉冲抑制功能有效。

机床定位时，即停在某一位置，出现振荡抖动现象，位置误差会显示 ±1。要求误差为 0 时，需将 N 脉冲抑制功能打开，NPSP（#4）设为 1，同时调整参数 2099。

参数 2099：N 脉冲抑制功能。标准设定为 400，对应一个脉冲；设定为 800 时，对应两个脉冲。

BLEN（#5）：是否使用反向间隙加速功能，抑制形状误差。

　　0：不使用。

　　1：使用。

在机床反向间隙摩擦较大的情况下，伺服电动机反转时会产生延迟，造成圆弧切削时的象限突起，可以调整参数 2048、2071。

参数 2048：反向间隙加速量。

参数 2071：反向间隙加速有效时间。

OVSC（#6）：是否使用超程补偿功能。

使用手动脉冲发生器（俗称手轮）操作机床，手动 1μm，机床有前冲现象时，实际移动 2μm，此时可以使用此功能，同时调整参数 2045、2077。

0：不使用超程补偿功能。

1：使用超程补偿功能。

参数 2045：速度环不完全积分增益 PK3V（0 ~ 32767）。

参数 2077：超程防止计数器，一般设定值为 50。

VOFS（#7）：VCMD 偏置功能是否使用。

在低速进给时，会出现进给积压。所谓进给积压，指的是指令机床进给时，如进给 1μm，实际位置并没有动；再进给 1μm，会累加上次的移动量一起移动，即进给了 2μm，出现累积现象。此时可以使用此功能，同时调整参数 2045。

0：VCMD 偏置功能不使用。

1：VCMD 偏置功能使用。

参数 2045：速度环不完全积分增益 PK3V（0 ~ 32767）。

说明：功能位的使用最好通过 SERVO GUIDE 软件进行设定和调整，手动调整（只是在伺服调整界面调整）效果不好。

# 第3章 伺服参数的一键设定详解

当机床出现振动故障或加工精度不能满足要求时，调试维修人员在经验不足或者不熟悉 SERVO GUIDE 软件的情况下，可以使用 FANUC 系统集成的一键设定功能。一键设定功能是 FANUC 经验丰富的技术人员将总结的高速高精度参数集成到系统中，只要按两次软键就可以完成所有相关参数的设定。大部分数控机床一键设定后，都可以大幅度提高加工精度。

一键设定包括三个方面：伺服参数，伺服增益调整，AICC 调整。

## 3.1 伺服参数的一键设定

只有伺服初始化设定正确、机床可以正确运行后，才可以执行伺服参数的一键设定。

操作步骤：

执行◎-⊡，在图 3-1 中选择"参数调整"，进入伺服一键设定界面，如图 3-2 所示。选择"操作"，进入图 3-3 界面，出现"选择"和"初始化"菜单。

图 3-1

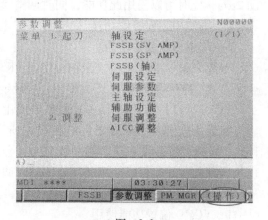

图 3-2

在图 3-3 中将光标移动至"伺服参数"，选择"选择"，进入图 3-4 所示界面，选择"初始化"或"GR 初期"，伺服参数一键设定开始执行。

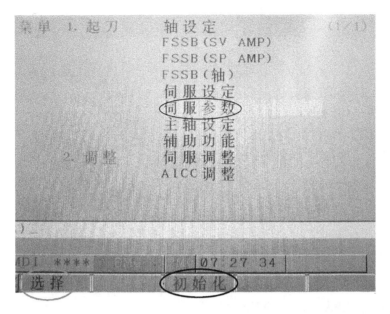

图 3-3

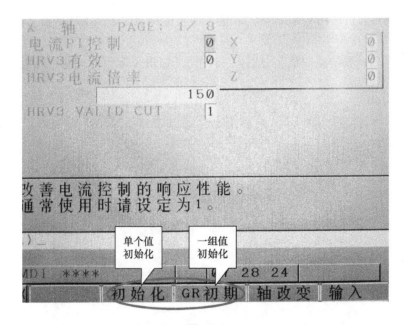

图 3-4

参数修改有两种方法："初始化"，修改单个参数；"GR初期"，修改一组参数。

(1) 个别的参数标准值设定步骤

1) 移动光标到要设定标准值的项目。

2) 按下软键"初始化"。

3) 显示"是否设定初始值?"的信息。

4) 按下软键"执行"，如图3-5所示。

图 3-5

（2）各组总体的标准值设定

1）按下软键"GR 初期"。

2）显示"是否设定初始值?"的信息。

3）按下软键"执行"，如图 3-6 所示。

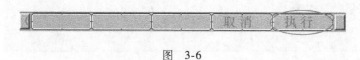

图 3-6

将所有轴的全部参数执行后，伺服参数一键设定完成。

## 3.2 伺服增益调整的一键设定

自动增益调整通过使用 CNC 内置的功能，尽可能高地设定速度环增益。

操作步骤：

移动光标至"伺服增益调整"，选择"操作"，如图 3-7 所示，进行伺服增益调整一键设定。

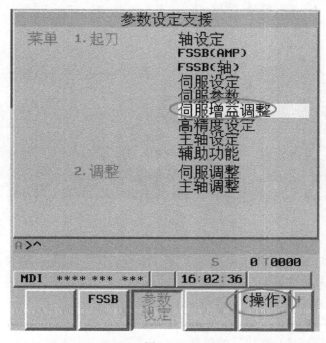

图 3-7

28

选择"手动调整",伺服增益调整一键设定开始执行,如图 3-8 所示。

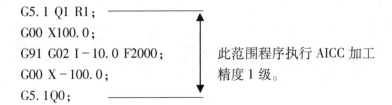

图 3-8

将所有轴的全部参数执行后,伺服增益调整一键设定完成。

## 3.3 AICC 调整的一键设定

和普通加工比较,AICC 可以实现高精度加工,特别适用在模具加工中,AICC 是通过改善加工条件满足要求的。

在加工程序中添加指令 G5.1Q1 Rx,x 等级分为 1 ~ 10 级,可以在程序中指定加工精度,参数由系统自动计算。

例如,加工程序 O0001;

G5.1 Q1 R1;

G00 X100.0;

G91 G02 I - 10.0 F2000;       此范围程序执行 AICC 加工

G00 X - 100.0;                精度 1 级。

G5.1Q0;

操作步骤:

将光标移至"AICC 调整",选择"操作",进行 AICC 调整一键设定,如图 3-9 所示。

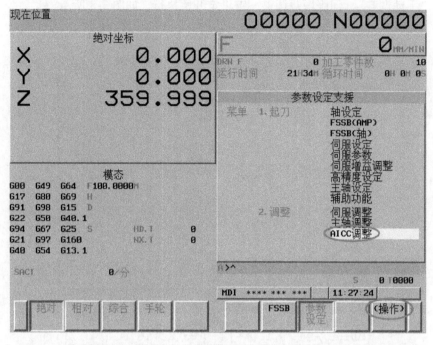

图 3-9

如图 3-10 所示，选择"选择"，进入图 3-11 所示界面，选择"初始化"或"GR 初期"，进行初始化操作。

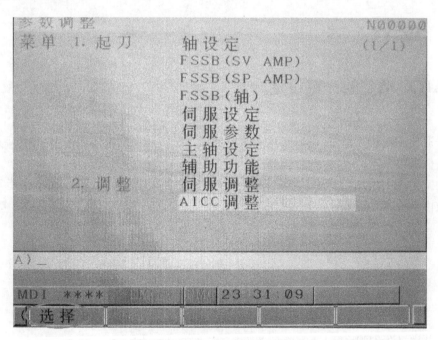

图 3-10

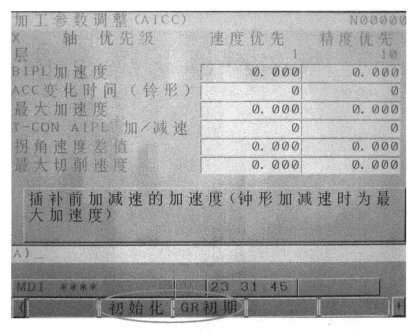

图　3-11

选择"执行"，AICC 调整开始执行，如图 3-12 所示。

将所有轴的全部参数执行后，AICC 调整一键设定完成。

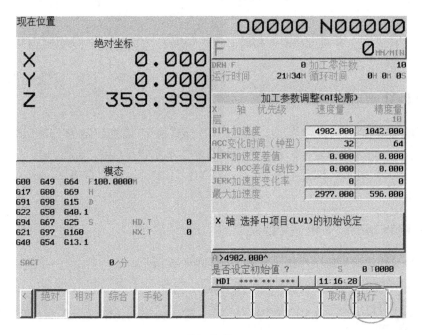

图　3-12

# 第4章 SERVO GUIDE软件调试精要

通过 SERVO GUIDE 软件对伺服、主轴进行调整，可以提高机床的加工精度，消除振动。SERVO GUIDE 软件通常有三个应用：

1）测试频率响应曲线，调整速度增益，消除振动。

2）测试 TCMD 曲线，调整增益和加减速时间常数。

3）圆弧测试，调整电动机和机械的换向滞后，如反向间隙等。

通过以上三项调整，机床基本满足要求。如果有更高要求，可进一步测试以下项目：

1）方带 1/4 圆弧调试，满足直线和圆弧衔接处的要求。

2）方形调试，满足加工对拐角较高要求的情况。

3）刚性攻丝⊖调整，保证攻丝加工螺纹的精度。

## 4.1 SERVO GUIDE 软件的连接

计算机和数控系统有 PCMCIA 卡和内嵌以太网两种连接方式，FANUC 0i－D 和 FANUC 0i－F 系统都标配了内嵌以太网，使用很方便。

### 1. 计算机 IP 地址的设置

数控系统 IP 地址一般设定为 192.168.1.1，计算机 IP 地址设定为 192.168.1.∗，前三项要相同，保证计算机和数控系统在同一网段内，本例设为 192.168.1.10，子网掩码设为 255.255.255.0，如图 4-1 和图 4-2 所示。SERVO GUIDE 软件支持 Windows XP、Windows7 和 Windows10。

### 2. 数控侧 PCMCIA 卡 IP 地址的设定

PCMCIA 卡又称为伺服调整卡，如图 4-3 ~ 图 4-5 所示。

数控侧 PCMCIA 卡 IP 地址设定步骤如下：

1）执行 [SYSTEM] → ▷ ，选择 "PCMCIA 卡"，进入伺服调整卡设定界面，NC 的地址设定如图 4-6 所示。

2）设置端口号和时间间隔，如图 4-7 所示。

---

⊖ 攻丝即攻螺纹。

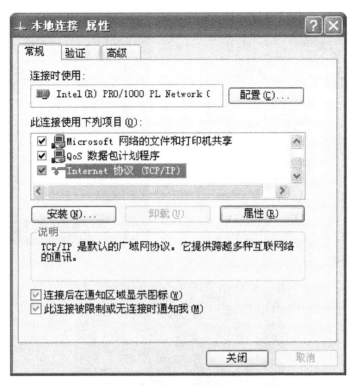

图 4-1

图 4-2

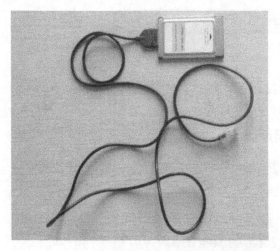

图 4-3

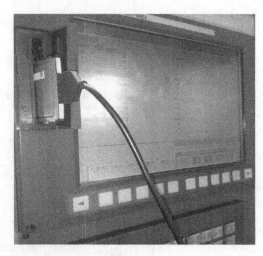

图 4-4

图 4-5

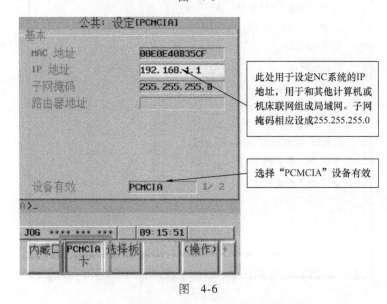

此处用于设定NC系统的IP地址，用于和其他计算机或机床联网组成局域网。子网掩码相应设成255.255.255.0

选择"PCMCIA"设备有效

图 4-6

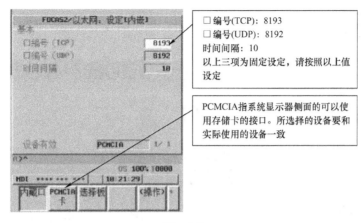

图　4-7

**注意**：使用伺服调整卡时，一定确认"设备有效 PCMCIA"。

### 3. 数控侧内嵌以太网的设定

数控侧内嵌以太网的设定使用普通网线即可，如图4-8~图4-10所示。具体参数设定操作如下：

图　4-8

图　4-9

图　4-10

1）执行 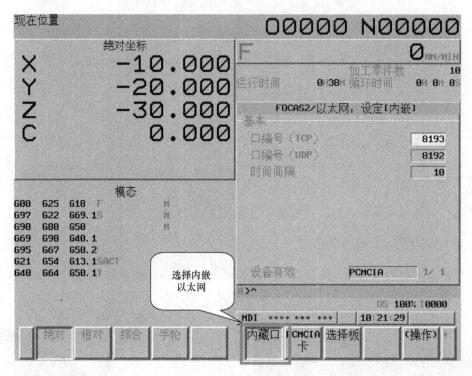→▷，选择"内藏口"，进入以太网设定界面，如图4-11所示。

图 4-11

2）选择内嵌以太网，设置IP地址，如图4-12所示。

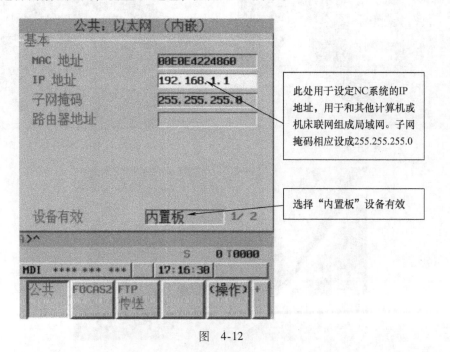

图 4-12

**注意：** 使用网线时，一定确认"设备有效"为"内置板"。

3）设置端口号和时间间隔，如图 4-13 所示。

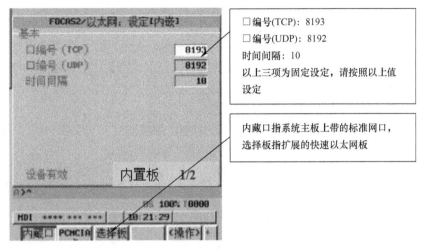

□编号(TCP)：8193
□编号(UDP)：8192
时间间隔：10
以上三项为固定设定，请按照以上值设定

内藏口指系统主板上带的标准网口，选择板指扩展的快速以太网板

图　4-13

### 4. 连接测试

单击"通信设定..."，如图 4-14 所示，弹出图 4-15 所示界面。按图 4-15 所示操作即可完成连接测试。

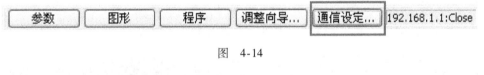

图　4-14

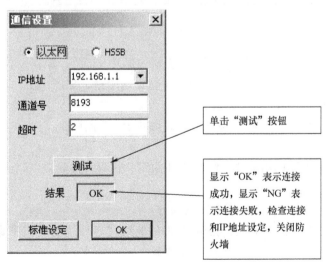

单击"测试"按钮

显示"OK"表示连接成功，显示"NG"表示连接失败，检查连接和IP地址设定，关闭防火墙

图　4-15

## 4.2　频率响应曲线的测试

频率响应曲线测试是 SERVO GUIDE 调试的第一步，主要目的是提高速度增益和位置环增益，提高加工精度和表面质量。但是增益提高后，会出现振动，所以频率响应曲线测试的另一目的是抑制振动。

在半闭环中出现振动，使用两种方式抑制：

1）低频段（＜200Hz）出现振动时，使用 TCMD 滤波器（对应参数2067）抑制。

2）高频段（＞200Hz）出现振动时，使用 HRV 滤波器抑制。

在全闭环中出现振动，使用三种方式抑制：

1）双位置反馈功能。

2）机械速度反馈功能。

3）振动抑制参数。

停止时出现振动，使用三种方法抑制：

1）加速度反馈功能。

2）停止时比例增益可变功能。

3）N 脉冲抑制功能。

下面分别讲解以上内容。

### 4.2.1　测试步骤

打开 SERVO GUIDE 软件，单击"图形"，如图4-16所示。

图　4-16

弹出"图形"对话框，选择"工具"，选择"频率响应"，单击"测量"，选择需要测量的伺服轴（X，Y，Z）等，单击"开始"进行自动测量，如图4-17所示。机床运行结束后，得到波形图。

选择相应的轴，单击"开始"按钮，出现图4-18所示图形。

说明：

1）图4-18中有上下两组曲线，幅频特性曲线和相频特性曲线，调试中主要以幅频特性曲线为主考察伺服特性。

2）在幅频特性曲线中，按照频率区域划分：

10～200Hz 为低频特性响应区，接近 0dB 的曲线代表系统的响应带宽。接近 0dB 的曲线越宽，即响应带宽越宽，系统的响应特性越好。

200～1000Hz 为高频特性衰减区，利用该区域的曲线，可以测试出机床高频振荡点，用系统 HRV 滤波器可以消除振荡点。

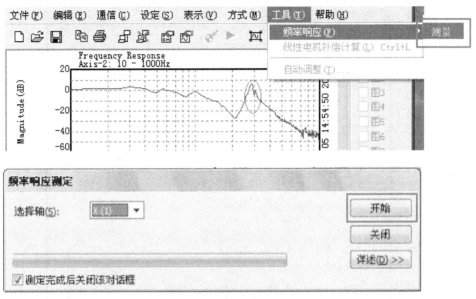

图　4-17

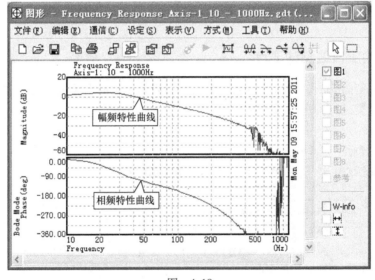

图　4-18

## 4.2.2　频率响应的要求

频率响应的四点要求，如图4-19所示。具体说明如下：

1）响应带宽要足够宽，主要通过调整伺服位置环增益（No. 1825）和速度增益来实现，越宽越好。

2）使用HRV滤波器后，机床高频共振点被抑制，高频共振点处的幅值应低于−10dB。

3）在截止频率（幅频曲线开始下降的地方对应的频率）处的幅值应该低于10dB。

4）在1000Hz附近的幅值应低于−20dB。

说明：响应带宽是指幅频曲线中幅值在0dB附近的频率宽度，不能太上扬，一般要求10dB以内，最好在3dB以内。

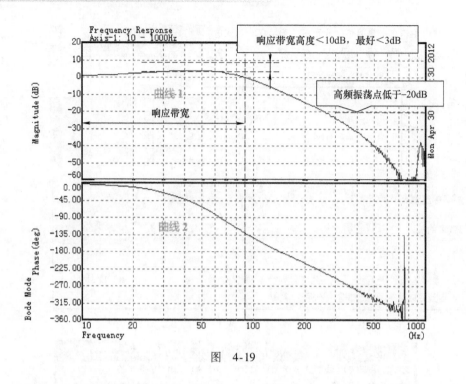

图　4-19

### 4.2.3　频率响应曲线测试要点

测量频率响应曲线后，消除共振点，然后就可以设定更高的速度增益。接着重新测量频率响应，如此反复进行，直到满足要求。

**注意：**

1）设定参数时一定要选择相应的轴。

2）如果勾选"锁定"，参数无法修改，如图 4-20 所示。

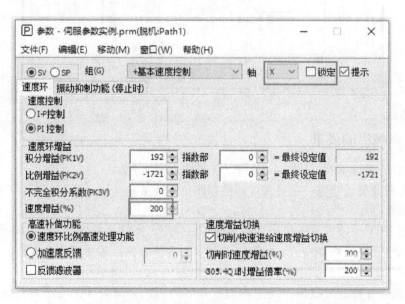

图　4-20

## 4.3 频率响应曲线和振动的消除

观察幅频特性曲线上共振点的中心频率、带宽等，如果是低频率振动，利用 TCMD 滤波器来抑制振动，也可以设定参数 2067；如果是高频振动，可以利用 HRV 滤波器来消除高频共振点。系统可使用的滤波器共有 4 组，如果系统有两个或两个以上共振点，则需要组合使用滤波器。

### 4.3.1 TCMD 滤波器

TCMD 滤波器，即伺服调整界面的滤波，对应参数 2067，主要消除低频（200Hz 以下）振动。当在响应带宽（0dB 线）上出现共振点时，可以用 TCMD 滤波器消除。

**例 4-1** 图 4-21 中响应带宽在 65Hz 有共振点，用 TCMD 滤波器消除。

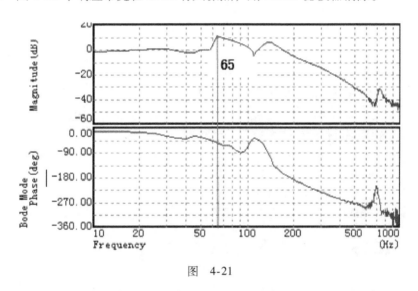

图 4-21

操作步骤如下：

选择"滤波器"→"机械共振抑制"→"TCMD 滤波器"，在"截止频率"中，输入 65，如图 4-22 所示。

### 4.3.2 HRV 滤波器

高频振动（频率大于 200Hz）时，用 HRV 滤波器消除共振点。操作步骤如下：

选择"滤波器"→"消除振动"→"HRV 滤波器"，如图 4-23 所示。

**例 4-2** 在高频段 420Hz 出现振动，如图 4-24 所示。

图 4-23 中 HRV 滤波器参数说明如下：

1）中心频率：凸起波形对应横坐标处的频率。

2）带宽：抑制的宽度，通常设为 100Hz。

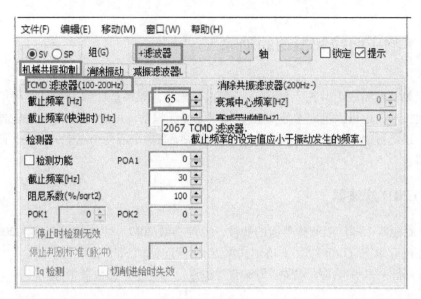

图 4-22

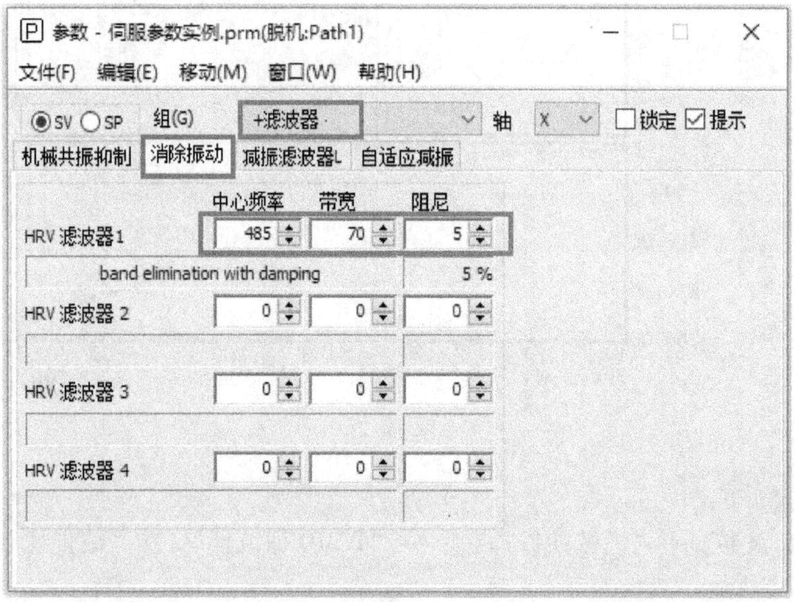

图 4-23

3）阻尼：振动的衰减，通常设为20%（一般为0%~100%，阻尼0对振动衰减最大，阻尼100最小）。例如，阻尼设为20，表示削掉80%的尖峰值。

在"HRV 滤波器 2"的"中心频率"输入420、"带宽"输入100、"阻尼"输入10，HRV 滤波器 1 会在进行伺服初始化时值被复位，因此建议从 HRV 滤波器 2 开始，如图4-25所示。

频率响应测试后，消除共振点；将速度增益提高，重新测量频率响应，再消除共振点，直到满足要求。

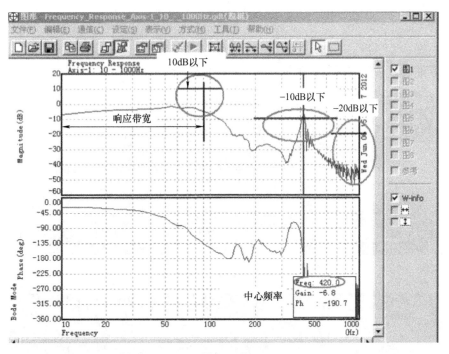

图 4-24

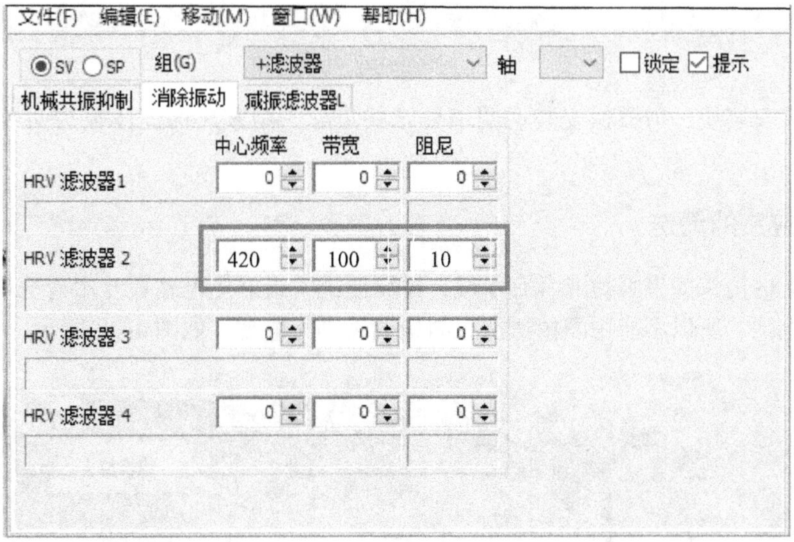

图 4-25

## 4.4　全闭环振动的抑制

　　全闭环主要是指机床安装了光栅尺。出现振动时，一定要考虑光栅尺本身是否有问题，确定光栅尺没有问题后，再使用 SERVO GUIDE 软件抑制振动。

### 4.4.1 读数头的安装

读数头安装要平行，不能倾斜。光栅尺读数头安装要有安装块，安装读数头时两边插入安装块，保证读数头安装平行，如图4-26和图4-27所示。

图 4-26

图 4-27

如果没有安装块，请根据安装说明书要求的尺寸，用塞尺保证读数头两端的距离和平行度。

### 4.4.2 读数头的清洗

读数头上的镜头如果脏污或者有水气，需要清洗，最好用电路板专用清洗剂清洗。因为电路板有光电池，所以不能用酒精清洗，酒精会污染光电池，如图4-28所示。

图 4-28

### 4.4.3 光栅尺安装要保证平行

光栅尺安装时和导轨的平行度应小于0.10mm，如图4-29所示。

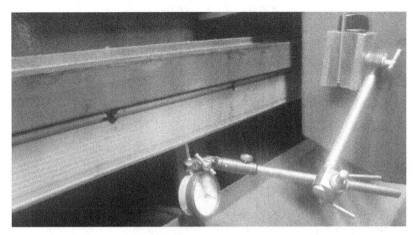

图　4-29

### 4.4.4 双位置反馈功能法全闭环抑制振动

大型机床，由于机械原因，如反向间隙较大，机床在半闭环下能稳定运行，在全闭环运行时却产生振动（图4-30）。双位置反馈功能是将机床运行时设成半闭环，光栅尺不起作用，而停止时光栅尺起作用，处于全闭环状态，以保证高的定位精度。通俗地讲，运行时半闭环，停止时全闭环。

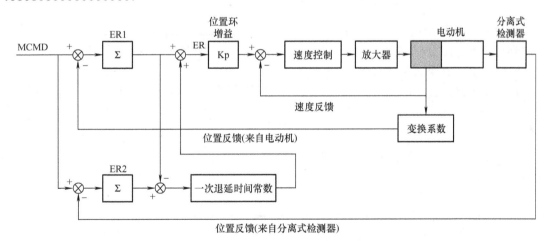

图　4-30

图4-30误差构成如下：

ER1：半闭环的误差计数器。

ER2：全闭环的误差计数器。

ER：最终的误差。

一次迟延时间常数为

$$\frac{1}{1+\tau_s}$$

$$ER = ER1 + (ER2 - ER1) \times \frac{1}{1+\tau_s}$$

1）时间常数 $\tau = 0$ 时，$1/(1+\tau_s) = 1$，$ER = ER1 + (ER2 - ER1) = ER2$（全闭环的误差）。

2）时间常数 $\tau = \infty$ 时，$1/(1+\tau_s) = 0$，$ER = ER1$（半闭环的误差）。

具体参数设定如下：

1）功能位 No.2019#7。1：有效。

2）变换系数 No.2078/2079：半闭环控制时的柔性齿轮比 $N/M$。

3）一次迟延时间常数 No.2080：将 10～300ms 作为大致标准。初始设定为 100ms，如果加减速出现振荡，每次以 50ms 为刻度逐渐增大；当趋于稳定时，则每次以 20ms 为刻度减小设定值。

若 No.2080 设定值为 0，则轴运动与全闭环相同；若设定值为 32767ms，则轴运动与半闭环相同；在 2 轴同步的系统中，将 2 轴的设定值设为相同值。

**说明**：因为移动时以半闭环运行，所以要设半闭环的齿轮比 2078/2079。半闭环设定柔性齿轮比 $N/M$ 对应参数 2078（$N$）和 2079（$M$），公式如下：

$$\frac{N}{M} = \frac{\text{电动机} - \text{转机械移动所反馈的脉冲数}}{10^6}$$

**注意**：当全闭环时，反向间隙补偿值默认累加到半闭环端。通过参数 No.2010#5 设定为 1，反向间隙补偿值改为累加到全闭环端。

## 4.4.5 机械速度反馈功能抑制全闭环振动

在全闭环系统中将机床本身的速度加到速度控制区，以便确保整个位置环路的稳定，原理如图 4-31 所示。

具体参数设定如下：

1）功能位 No.2012#1 MSFE。1：有效。

2）机床速度反馈增益 No.2088 MCNFB 按表 4-1 设定，消除振动。

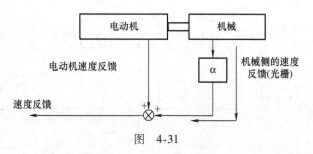

图 4-31

表 4-1

| 柔性齿轮比设定<br>（No.2084/2085） | 速度环比例高速处理<br>（No.2017#7） | 机床速度反馈增益<br>（No.2088）设定值 |
|---|---|---|
| 1/1 | 0 | −100～−30 |
| | 1 | 30～100 |
| 非 1/1 | 0 | −10000～−3000 |
| | 1 | 3000～10000 |

**注意：**

1）对于串行光栅，设定参数 No. 2088。

2）设定值如果超过100会出现 SV0417 报警，表示参数设置错误。

3）诊断352内容为883，表示机械速度反馈因子设定值为100或更大。

4）参数 No. 2088 设定值在 0 ～ 100 之间，一般设定为50，每次以10递增。

机械速度反馈功能抑制全闭环振动的 SERVO GUIDE 软件操作步骤如下：

**第一步：**进入"参数"菜单，选择"在线"，将显示系统参数，如图4-32和图4-33所示。

图 4-32

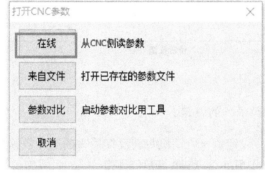

图 4-33

**第二步：**选择"全闭环功能"→"振动阻尼"→"机械速度反馈功能"（2012#1 = 1）→"增益"（2088），输入相应数值，如图4-34所示。

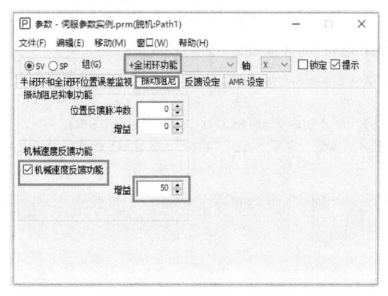

图 4-34

### 4.4.6　振动抑制参数抑制全闭环振动

振动抑制参数是 FANUC 系统提供变换因子 2033 和振动抑制控制增益 2034 两个参数来消除振动，通过将电动机端的速度和机械端（机械端可以理解为工作台）的速度差反馈给转矩指令来减少机床端的晃动，如图 4-35 所示。

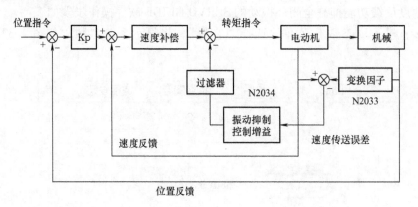

图　4-35

**1. 参数 2033**（变换因子）**的设定**

使用 A/B 相光栅尺：设定值 = 电动机每转反馈回来的脉冲数（FFG 之前）/8。

**例 4-3**　5mm 丝杠，0.5μm/P 光栅，FFG = 1/2。

$$N2033 = (5000/0.5) \times (1/8) = 1250$$

使用串行光栅尺：设定值 = 电动机每转反馈回来的脉冲数（FFG 之后）/8。

**例 4-4**　5mm 丝杠，0.5μm/P 光栅，FFG = 1/2。

$$N2033 = (5000/0.5) \times (1/2) \times (1/8) = 625$$

**注意**：FFG 之后是指串行光栅尺设定值需要乘以柔性齿轮比。

**2. 参数 2034**（振动抑制控制的增益）**的设定**

先设定 500，再通过移动该轴观察振动，每次增加 100。如果设定后，振动反而加大，可设定为负数（-500）。

振动抑制参数抑制全闭环振动的 SERVO GUIDE 软件操作步骤如下：

**第一步**：进入"参数"菜单，选择"在线"，将显示系统参数，如图 4-36 和图 4-37 所示。

图　4-36

**第二步**：选择"全闭环功能"→"振动阻尼"→"位置反馈脉冲数"（2033）→"增益"（2034），输入相应数值，如图 4-38 所示。

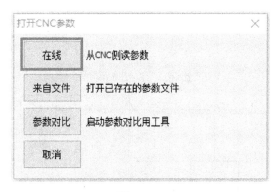

图　4-37

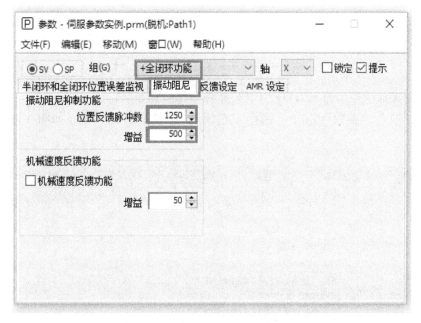

图　4-38

## 4.5　停止时出现振动的抑制方法

### 4.5.1　加速度反馈抑制振动

电动机的速度反馈信号通过微分获取加速度，该加速度乘以加速度反馈增益 Ka，对转矩指令进行补偿，抑制速度环路的振荡，如图 4-39 所示。

当电动机与机床弹性连接时，如果负载惯量比电动机惯量大（可以理解为负载比较大或沉），在调整负载惯量比时（大于 512 时），会产生 50～150Hz 的振动，先不要减小速度增益或负载惯量比（No. 2021）的值，可设定参数 2066 进行改善。参数 2066 设定在 –20～–10 之间，一般设为 –10。

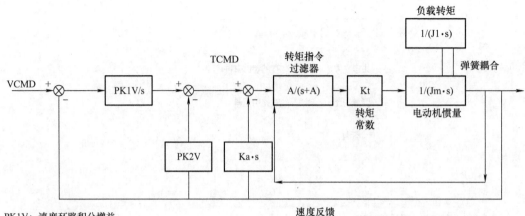

PK1V：速度环路积分增益
PK2V：速度环路比例增益
Ka：加速度反馈增益

图 4-39

加速度反馈抑制振动的 SERVO GUIDE 软件操作步骤如下：

**第一步**：进入"参数"菜单，选择"在线"，将显示系统参数，如图 4-40 和图 4-41 所示。

图 4-40

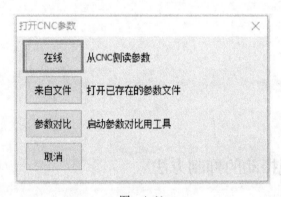

图 4-41

**第二步**：选择"基本速度控制"→"振动抑制功能（停止时）"→"加速度反馈"（2066），输入相应数值，如图 4-42 所示。

## 4.5.2 停止时比例增益可变功能抑制振动

施加在电动机上的负载惯量较大或需要提高响应时，应提高速度增益。但当设定得过大，电动机停止时会产生高频振动。本功能在停止中调低速度环路比例增益（PK2V）值，可降低为 75% 或 50%，以抑制停止中的振动，同时调整停止判断水平。通俗地讲，运行时速度增益值大，求快速；停止时速度增益降低，求稳定。

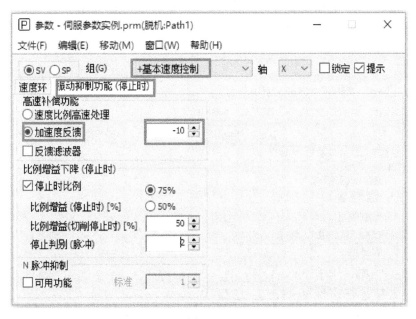

图　4-42

参数设定如下：

1）功能位 No. 2016#3。1：使用。

2）停止时比例增益可变功能停止判断水平 No. 2119，调整其值抑振。

设定内容：2~10（检测单位：1μm）

　　　　　20~100（检测单位：0.1μm）

3）停止时比例增益可变功能有效时百分比 No. 2207#3。0：75%，1：50%。

停止时比例增益可变功能抑制振动的 SERVO GUIDE 软件操作步骤如下：

**第一步**：进入"参数"菜单，选择"在线"，将显示系统参数，如图 4-43 和图 4-44 所示。

图　4-43

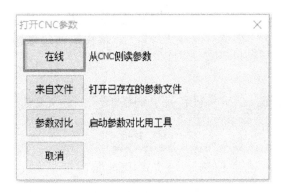

图　4-44

**第二步**：选择"基本速度控制"→"振动抑制功能（停止时）"→"停止时比例"（2016#3 = 1）→"比例增益"（停止时 50%、75%）→"停止判别（脉冲）"（2119），输入相应数值，如图 4-45 所示。

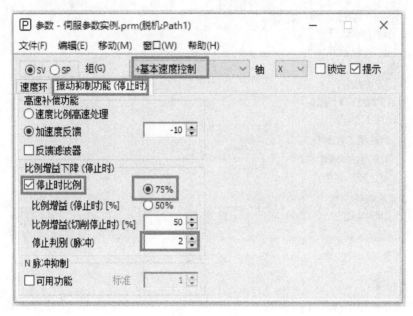

图 4-45

### 4.5.3 N 脉冲抑制功能抑制振动

N 脉冲抑制功能能够抑制停止时由于电动机的微小跳动引起的机床振动。由于提高了速度增益，可能会引起机床在停止时出现小范围的振荡（低频）。从伺服调整界面的位置误差能够观察到，在没有给指令（停止）时，位置误差在 0 左右变化，而不是固定显示为 0。

参数设定：

1）N 脉冲抑制功能位 No. 2003#4。1：使用。

2）N 脉冲抑制水平参数 No. 2099。400 表示检测单位 1 脉冲，可通过调整 2099 的值抑制，如用 400、800 等值抑制振动。

N 脉冲抑制功能抑制振动的 SERVO GUIDE 软件操作步骤如下：

**第一步**：进入"参数"菜单，选择"在线"，将显示系统参数，如图 4-46 和图 4-47 所示。

图 4-46

**第二步**：选择"基本速度控制"→"振动抑制功能（停止时）"→"可用功能"（2003#4 = 1）→"标准"（2099），输入相应数值，如图 4-48 所示。

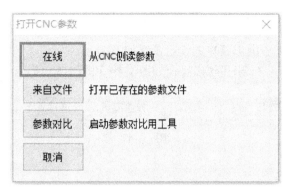

图　4-47

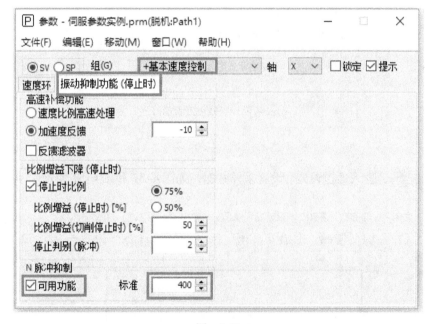

图　4-48

## 4.6　TCMD 曲线的测试

　　TCMD 曲线测试是 SERVO GUIDE 调试的第二步，主要是设置加减速时间常数。加减速时间常数影响加工精度、表面粗糙度和效率。

　　进给分为快速进给和切削进给，模式分为普通模式和高精度模式。

　　TCMD 曲线测试分为四种情况：普通模式 + 快速进给 G00，普通模式 + 切削进给 G01，高精模式 + 快移进给 G00，高精模式 + 切削进给 G01。

　　下面以"普通模式 + 切削进给 G01"为例进行说明。

### 4.6.1 SERVO GUIDE 软件中图形菜单的设定

SERVO GUIDE 软件中图形菜单的设定步骤如下：

1）选择"图形"→"新图形窗口"，如图4-49和图4-50所示。

图 4-49

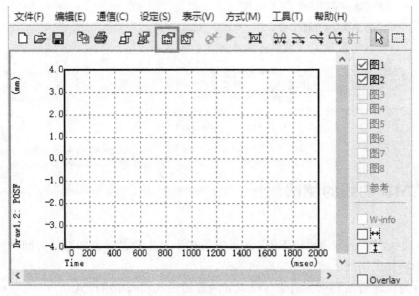

图 4-50

2）单击 ▦，进入通道设定，设置采样数据，如图4-51和图4-52所示。

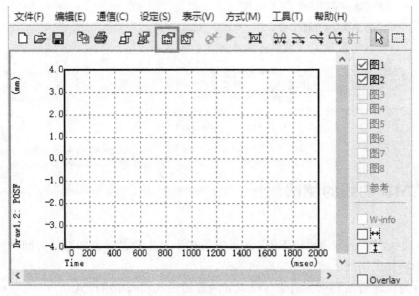

图 4-51

关键数据的设置如下：

① 测定数据点。采集的点应该足够多，但太多会影响采集时间，一般直线测试设定10000，采样周期为1ms。

图 4-52

② 触发器设定。设定 PATH1，代表路径 1。N1 表示 N1 行程序触发开始采样。

③ 数据类型。X(1)代表 X 轴；CH1 为电动机的速度指令 VCMD；CH2 为转矩指令 TCMD，TCMD 的换算系数和换算基准按以下默认值进行设定：

单位：　　% (测量数据转换为放大器最大电流的百分比)。

换算系数：100 (测量数据转换为最大转矩的百分比)。

换算基准：7282 (表示电流的最大值)。

④ 显示模式。图形模式 YT，YT 表示幅值随时间变化。

3) 选择 "修改"，进行触发器的设定；"路径" 设为 PATH 1，"顺序号" 设为 1，如图 4-53 所示。

4) 设置 CH1 和 CH2 的数据类型为 VCMD 和 TCMD，如图 4-54 所示。

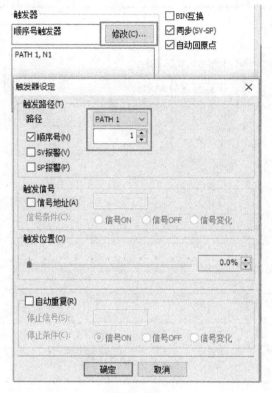

图 4-53

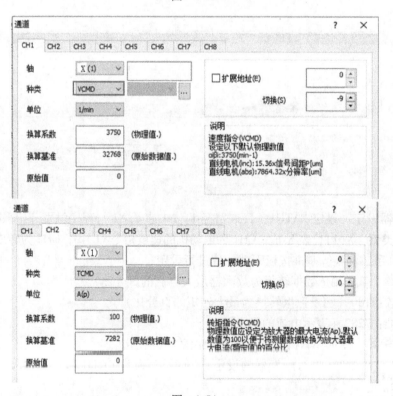

图 4-54

5）单击"操作演示"，设置"图形模式"为 YT，如图 4-55 所示。

图 4-55

## 4.6.2 SERVO GUIDE 软件中 TCMD 曲线的检测

单击"程序"，如图 4-56 所示，进入程序设置模式。

图 4-56

**关键的设置如下：**

1）程序模式：选择直线移动。

2）横轴：选择要检测的轴，本例为 X 轴。

3）轴进给：切削进给。

4）高精度控制模式：正常（为普通模式加工，不是高精度控制模式）。

5）触发序号 N：1 表示 N1 行程序号开始采样。

具体步骤如下：

1）程序设置，如图 4-57 所示。

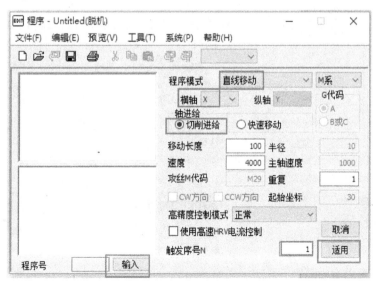

图 4-57

2）在图4-57中单击"适用"按钮，生成程序。然后单击"输入"按钮，弹出界面，显示数控系统中存储的程序号，输入一个里面没有出现的程序号码（如111，以后每次新生成的程序都可以用这个程序号），如图4-58所示。

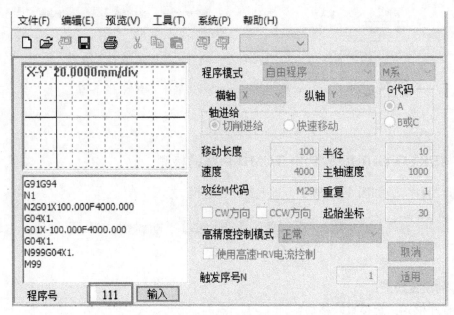

图 4-58

3）程序传送到数控系统。先单击子程序传送按钮，然后单击主程序传送按钮。注意发送程序时必须是 MDI 方式、POS 界面。每次执行程序时，都需要重新发送一遍主程序，即重新单击。而只要不修改程序，子程序就不需要重新发送，如图4-59所示。

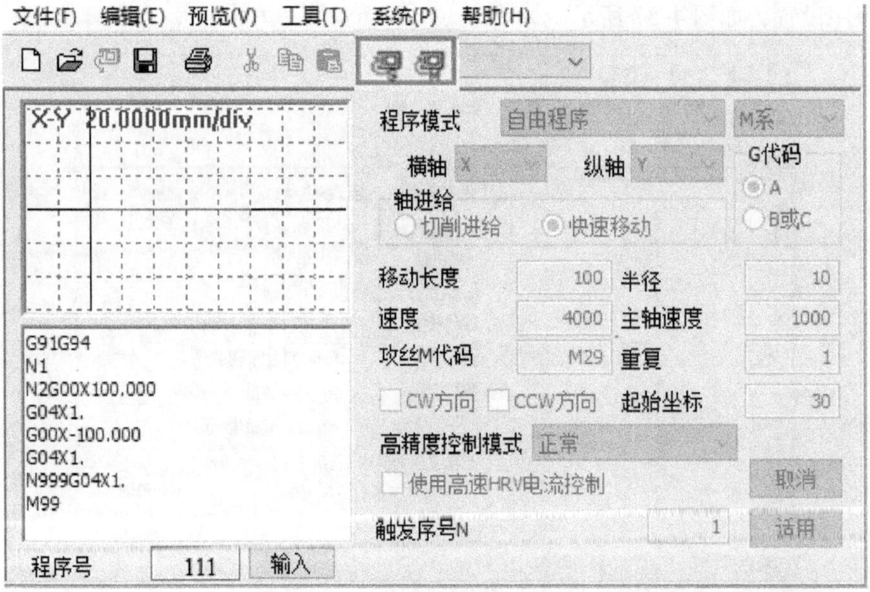

图 4-59

**程序详解：**

| | |
|---|---|
| G91　G94； | 增量编程每分钟进给 |
| N1； | 从行号 N1 开始出发采样 |
| N2 G01 X100.000 F4000.0； | X 轴正向移动直线 100mm，速度为 4000mm/min |
| G04 X1.； | 延时 1s |
| G01 X－100.000 F4000.0； | X 轴负向移动直线 100mm，速度为 4000mm/min |
| G04 X1.； | 延时 1s |
| N999 G04 X1.； | 延时 1s |
| M99； | 子程序返回 |

4）回到"图形"界面，先单击原点 ，再单击 ▶，开始采样，如图 4-60 和图 4-61 所示。

图　4-60

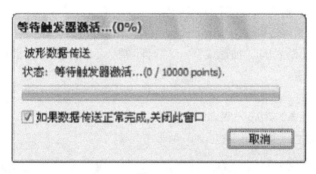

图　4-61

5）按下机床控制面板上的"循环启动"按钮，数控系统执行程序，当 NC 程序执行到 N1 时，自动采样数据，显示 VCMD、TCMD 图形，如图 4-62 所示。

**说明：**

1）　：自适应，自动调整合适的大小。

2）　：　波形水平缩小，　波形水平放大，　波形垂直缩小，　波形垂直放大。

### 4.6.3　TCMD 曲线调整

调整 TCMD 曲线遵循以下两个要点：

1）在加速和减速段（斜线段）过渡平滑，无过冲现象，最大值不超过 80%，实际可以达到 100%。考虑到提高加工效率，最大可以达到 200%。

2）恒速段（直线段）电流粗细一致，中间没有波动。如果逐渐变粗，则表示增益太

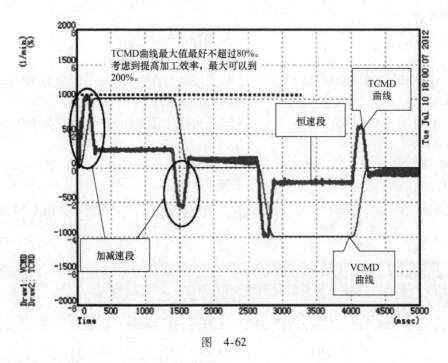

图　4-62

高；如果中间有突变，则表示负载有突然变化。

具体步骤如下：

1）选择普通切削模式的"加速度"→"时间常数"，调整时间常数，如图 4-63 所示。本例选择直线型加减速。

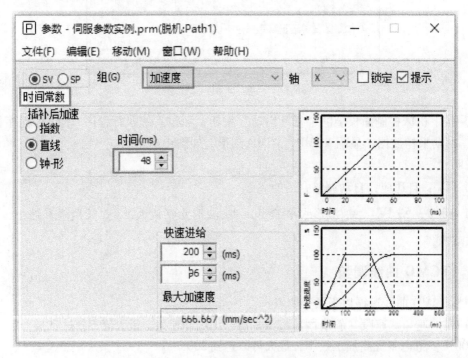

图　4-63

No.1622：插补后加速时间常数以 8 为倍数，一般设定 24～128。

机型越小，设定值越小。设定较小的时间常数，可得到较大的转矩指令，但 TCMD 曲线会变得陡峭，产生冲击。

调整时以 TCMD 曲线加减速不超过 100% 和不振荡为宜。如果重点考虑提高加工效率，最大可以达到 200%，调整后需重新测量 TCMD 数据。

快速进给常数 No.1620 和 No.1621 的调整按照同样要求设定和调整。

2）在高速高精度切削模式下，调整 AI 先行控制和 AI 轮廓控制。

① 选择"＋AI先行控制"（AIAPC功能）→"时间常数"，调整时间常数，如图 4-64 所示。本例选择直线型加减速。

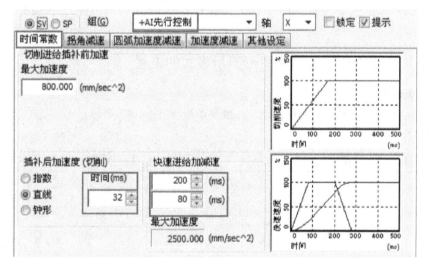

图　4-64

② 选择"＋AI轮廓控制"（AICC功能）→"时间常数"，调整时间常数，如图 4-65 所示。本例选择直线型加减速。

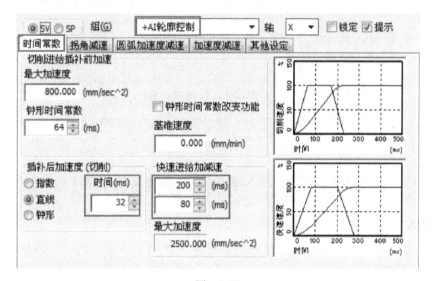

图　4-65

**注意**：如果调试的系统同时具有 AIAPC 和 AICC 功能，对于高速高精度模式下的加减速时间常数，直接调试 AICC 功能即可。

## 4.7 圆弧曲线的测试

圆弧曲线测试是 SERVO GUIDE 调试的第三步，主要目的是保证圆的加工精度，同时调整电动机和机械换向产生的滞后（如反向间隙、摩擦补偿等），即解决象限角的凸出和凹陷。需要强调的是，经过前两步频率响应曲线测试和 TCMD 曲线，对速度增益、位置环增益的提高和加减速时间常数的调整，是保证圆弧曲线合格的基础和前提，否则效果不好。

### 4.7.1 SERVO GUIDE 软件中图形显示模式的设置

具体步骤如下：

1）单击"图形"→"新图形窗口"，如图 4-66 和图 4-67 所示。

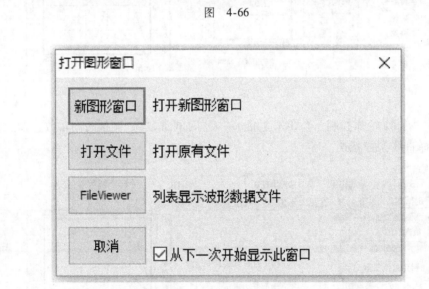

| 参数 | 图形 | 程序 | 调整向导... | 通信设定... | 192.168.1.1:Error |

图 4-66

图 4-67

2）在弹出的界面中单击 📧，进入通道设定，设置采样数据，如图 4-68 ~ 图 4-70 所示。

**关键数据的设置如下：**

① 测定数据点：采集的点应该足够多，但太多会影响采集时间，圆测试一般设定为 15000，采样周期为 1ms。

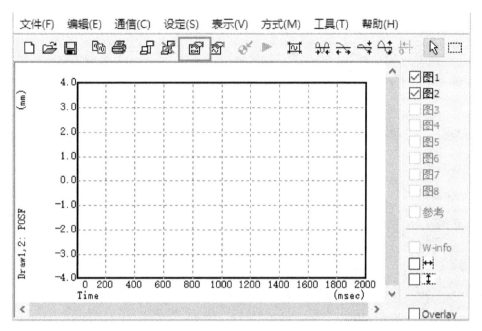

图 4-68

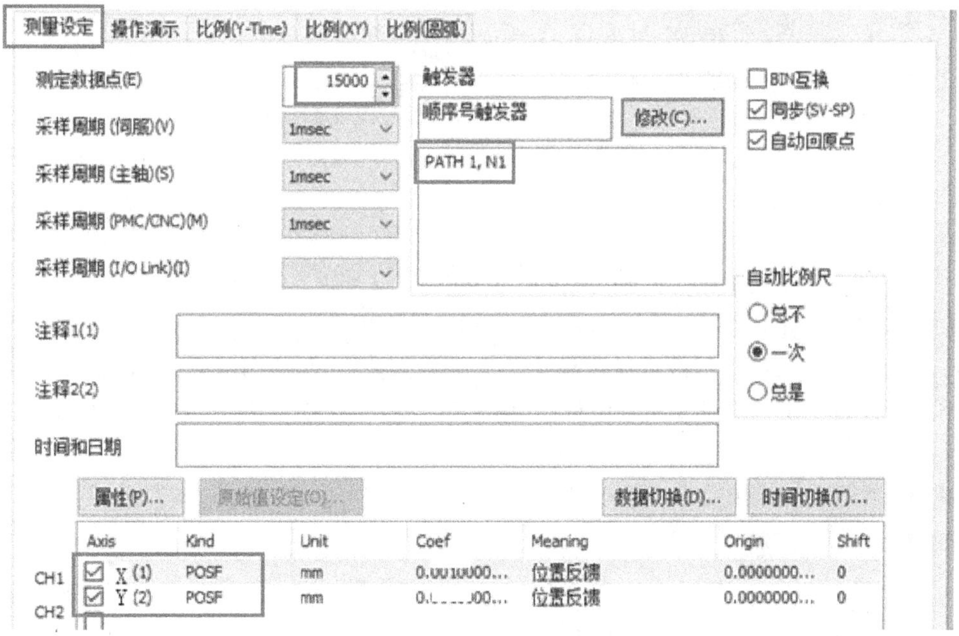

图 4-69

② 触发器设定：设定 PATH1，代表路径 1。N1 表示 N1 行程序触发开始采样。

③ 数据类型：X（1）代表 X 轴，Y（2）代表 Y 轴，CH1、CH2；POSF 为位置偏差。

换算系数：0.001。

换算基准：1。

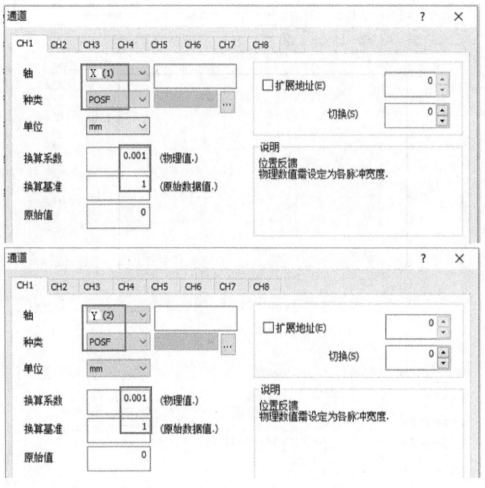

图 4-70

④ 显示模式：图形模式为 CIRCLE，CIRCLE 表示圆模式。

3）单击"操作演示"，设置显示模式。"图形模式"选择 CIRCLE，Draw1 的"操作"选择 Circle，"输入 1"选择 ACQ：CH1，"输入 2"选择 ACQ：CH2，如图 4-71 所示。

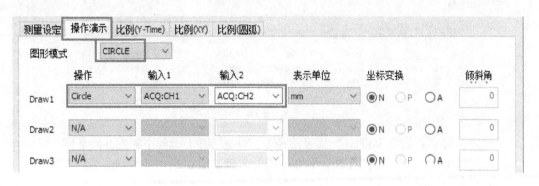

图 4-71

4）单击"比例（圆弧）"，如图 4-72 所示。

横轴中心：设置圆的显示位置，表示圆心显示在横轴 –10mm 处。

半径：设置显示圆半径 10mm。

分区：为圆的刻度（最小显示单位），通过鼠标滚轮可调整刻度大小。

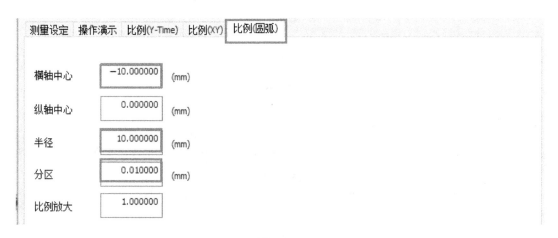

图　4-72

## 4.7.2　SERVO GUIDE 软件中圆弧曲线的检测

单击"程序"，进入程序设置模式，如图 4-73 所示。

图　4-73

**关键数据的设置如下：**

1）程序模式：选择圆弧程序。

2）横轴：选择要显示圆的轴，本例为 X 轴。

3）纵轴：选择要显示圆的轴，本例为 Y 轴。

4）高精度控制模式：正常和 AICC（AI 轮廓控制）模式。

5）触发序号 N：输入 1，表示 N1 行程序开始采样。

具体步骤如下：

1）程序设置如图 4-74 所示，本例为 AICC/AI Nano 控制。

2）单击"适用"按钮，生成程序。然后单击"输入"按钮，弹出对话框，显示数控系统中存储的程序号，输入一个里面没有出现的程序号码（如 111，以后每次新编的程序都可以用这个程序号）。单击子程序传送按钮 🖥，然后单击主程序传送按钮 🖥，发送程序到数控系统。发送程序时必须是 MDI 方式、POS 界面。每次执行程序时，都需要重新发送一遍主程序，即重新单击 🖥。只要不修改程序，子程序就不需要重新发送，如图 4-75 所示。

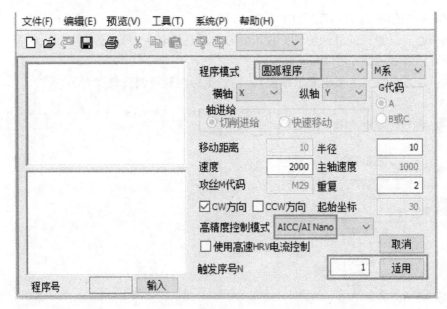

图　4-74

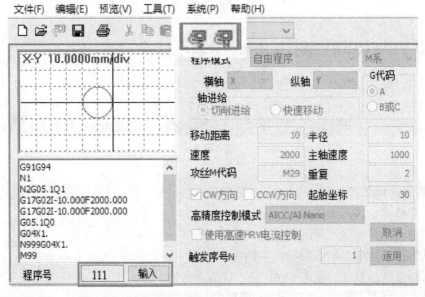

图　4-75

3）回到"图形"对话框，单击原点 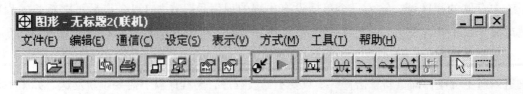，再单击 ▶ 开始采样，如图4-76和图4-77所示。

图　4-76

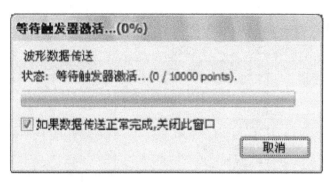

图　4-77

4）按下机床控制面板上的"循环启动"按钮，当 NC 程序执行到 N1 时，自动采样数据，显示圆图形，如图 4-78 所示。

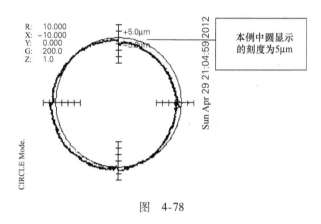

图　4-78

### 4.7.3　圆曲线调整

圆的调整主要包含圆度、大小和象限角的调整。

#### 1. 圆度的调整

圆加工时轮廓呈椭圆形，主要是因为插补的两轴存在动态不匹配。在参数上引起该问题的原因主要包含以下几个方面：

1）参与插补的两轴加减速时间常数的类型、大小（包括一般模式下、高速高精度模式下的插补前、插补后）要设定一致。

2）前馈功能是否使用，如果使用，前馈系数要设定一致。

3）位置环增益（1825）要设定一致，以各轴中最小的值作为统一值。

4）反向间隙参数 1851 设为 1，圆弧曲线调试好后恢复实际值。

**圆度的调整方法如下：**

1）选择"加速度"→"时间常数"，在一般控制、AI 先行控制（AIAPC）、AI 轮廓控制（AICC）的情况下，保证插补轴加减速时间常数一致，如图 4-79 和图 4-80 所示。

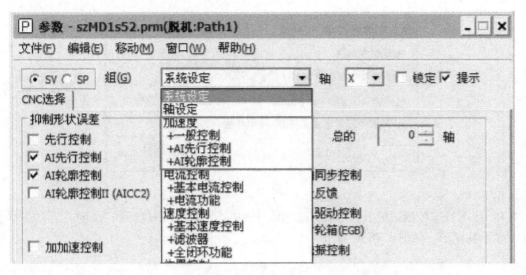

图 4-79

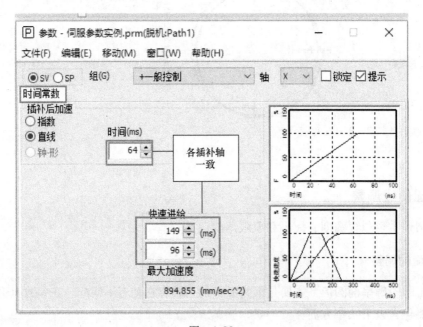

图 4-80

**程序详解：**

| G91　G94； | 增量编程，每分钟进给 |
| N1； | 行号 N1 开始采样 |
| N2 G5.1 Q1； | AICC 高精度加工开始 |
| G17 G02 I－10.000 F2000.000； | 顺时针运行圆，圆心在（－10.0，0） |
| G17 G02 I－10.000 F2000.000； | 顺时针运行圆，圆心在（－10.0，0） |
| G5.1 Q0； | AICC 高精度加工结束 |
| G04 X1.； | 延时 1s |

N999 G04 X1. ;　　　　　　　　　　　延时 1s

M99 ;　　　　　　　　　　　　　　　子程序返回

2）选择"形状误差消除"→"前馈"→"前馈有效"，各插补轴"前馈系数""速度前馈系数""插补后加减速时间常数"要一致，如图 4-81 和图 4-82 所示。

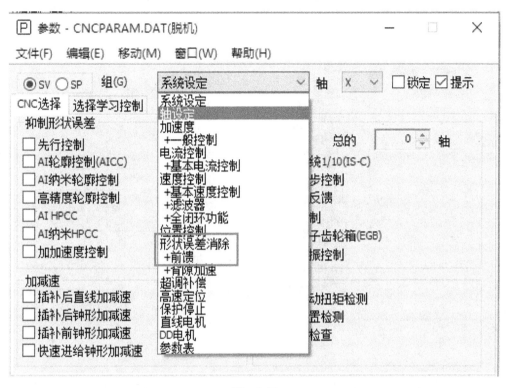

图 4-81

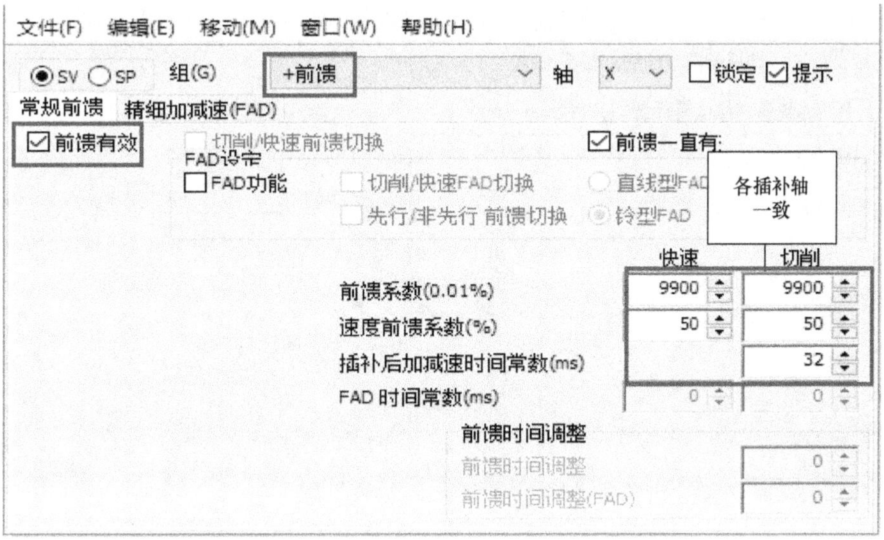

图 4-82

3）选择"位置控制"→"位置环增益（s−1）"，各插补轴位置环增益要一致，取各轴中位置环增益最小的值为统一值设定，即以最小值为准，通俗地讲迁就位置环增益最小的轴，如图4-83和图4-84所示。

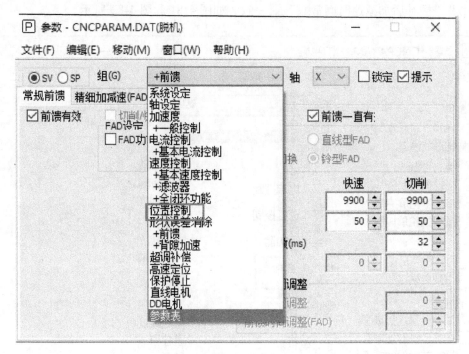

图 4-83

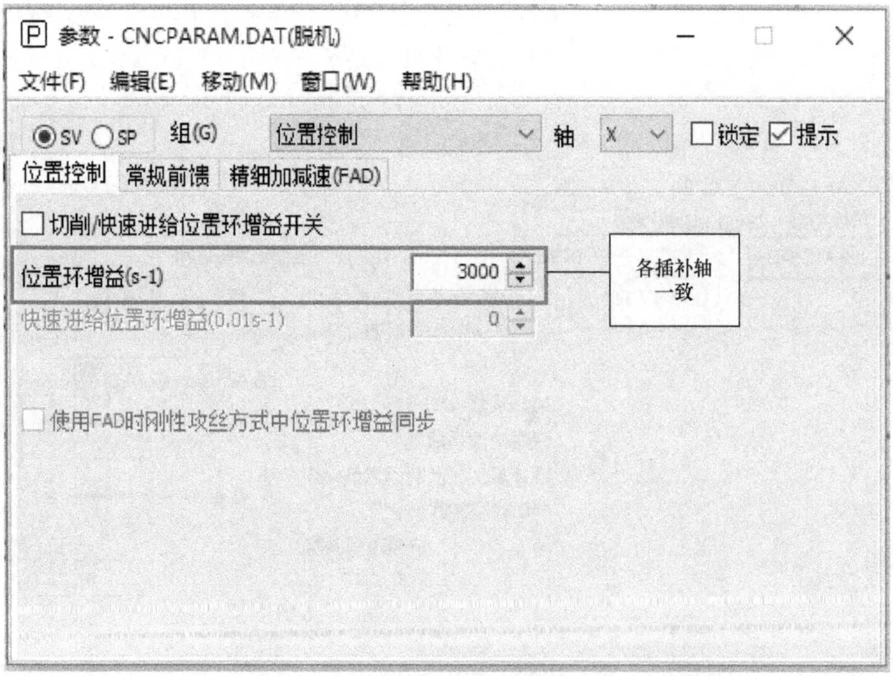

图 4-84

4）选择"背隙加速"→"反向间隙补偿"，反向间隙补偿1851设为1，设为1实际是忽略机床真实的反向间隙，如图4-85和图4-86所示。

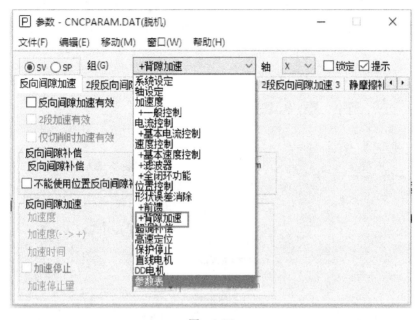

图　4-85

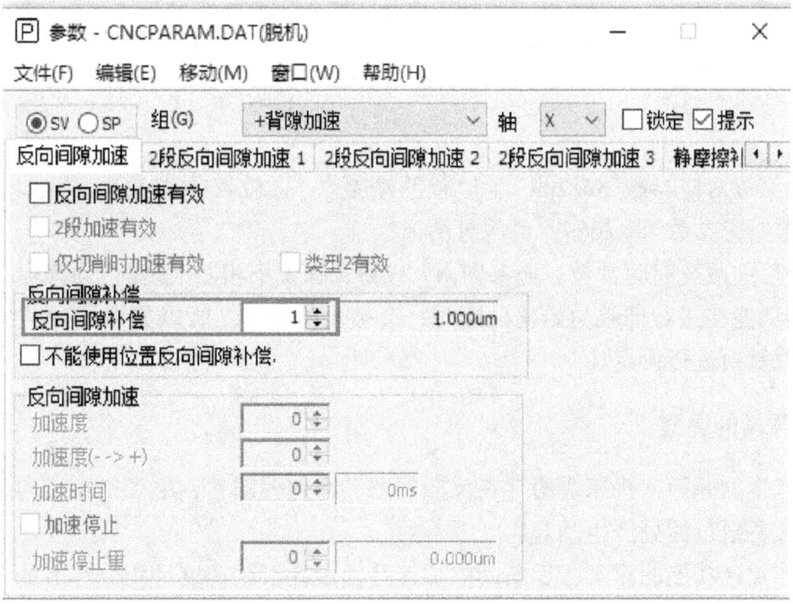

图　4-86

对于加减速时间常数、前馈系数、位置环增益三项，利用伺服调试软件将伺服轴的设定值进行一一对照，确保各轴设定一致，然后重新进行圆测试。速度增益提高对保证圆度非常重要。一般圆度在5μm以内基本满足要求，如果没有解决问题，请检查并调整机械传动部分，可能是因为各轴的机械阻尼相差太大。

**2. 圆大小的调整**

圆大小对加工精度的影响较小，是伺服滞后造成的，可以使用"前馈有效"、设定较小的"插补后加减速时间常数"等方法，改善由于伺服滞后所引起的加工形状误差，如图4-87所示。

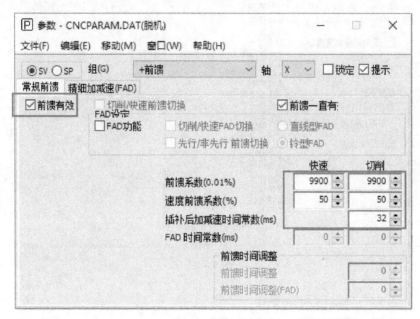

图 4-87

**说明：**

1）前馈系数对应参数 No.2092（位置前馈系数），位置前馈系数值大，圆直径变大。速度前馈系数对应参数 No.2069，可改善图形。

2）插补后加减速时间常数对应参数 No.1769，圆大小相差太多时，调整此值。

3）前馈功能在进行伺服初始化设定时，会被复位为0，所以如果执行了伺服初始化操作，需要注意重新进行设定。

**3. 圆象限角的调整**

象限角产生的原因：机床进给存在反向间隙、摩擦等因素，电动机在反向运转时产生滞后，会在圆弧象限过渡处产生凸起。

反向间隙加速功能的原理：反向间隙加速补偿量补偿到速度环积分环节的 VCMD，改善电动机由于传动环节的影响造成的滞后，降低反转时的误差。

反向间隙加速功能分为1段反向间隙和2段反向间隙加速功能。其中1段反向间隙加速功能用来补偿电动机反向时的摩擦，2段反向间隙加速功能用来补偿机械（传动环节）反向时的摩擦。

下面详细介绍1段反向间隙加速功能和2段反向间隙加速功能的调试步骤。

**注意：** 2段反向间隙加速功能加上后，效果并不一定就会变好，有时可能会更差。

（1）1段反向间隙加速功能的调试步骤

**第一步：将机床进给轴的位置环和速度环增益调整至合理值。**

首先将位置环和速度环调整至较高的稳定值，再进行其他功能的补偿，否则补偿效果不好，如图4-88所示。

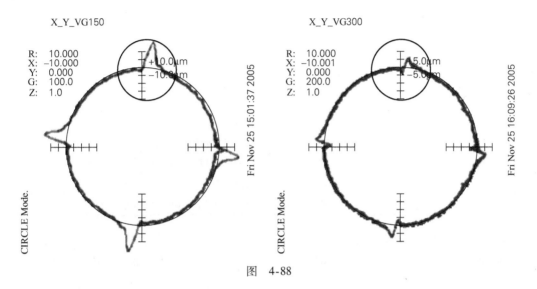

图 4-88

图4-88中左图速度增益（VG）=150，右图速度增益（VG）=300，右图在速度增益提高后，象限角凸起明显减小。

**第二步：1段反向间隙补偿的参数设置。**

选择"背隙加速"→"反向间隙加速"，界面如图4-89所示，具体参数说明见表4-2。

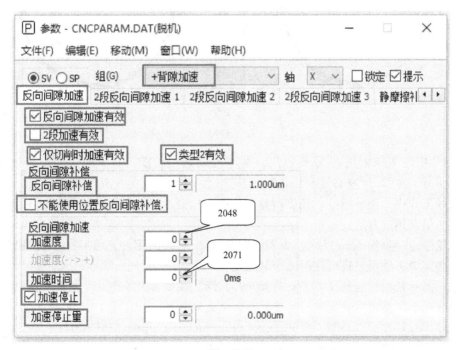

图 4-89

表　4-2

| 名　称 | 参数号 | 设定值 | 说　明 |
|---|---|---|---|
| 反向间隙加速有效 | 2003#5 | 1（√） | 反向间隙加速功能，设定1开通该功能 |
| 2段加速有效 | 2015#6 | 0 | 2段反向间隙加速功能不使用 |
| 仅切削时加速有效 | 2009#6 | 1（√） | 反向间隙加工功能仅切削有效（前馈） |
| 类型2有效 | 2223#7 | 1（√） | 反向间隙加工功能仅切削有效（G01） |
| 反向间隙补偿 | 1851 | 1 | 反向间隙补偿值，圆弧调试设定为1，调试完成后，恢复为实际间隙值 |
| 不能使用位置反向间隙补偿 | 2006#0 | 0 | 反向间隙补偿功能是否有效，通常设定为0 |
| 加速度 | 2048 | 50 | 1段反向间隙加速量 |
| 加速时间 | 2071 | 20 | 1段反向间隙加速有效时间 |
| 加速停止 | 2009#7 | 1（√） | 反向加速停止功能，通常设定为1 |
| 加速停止量 | 2082 | 5 | 停止距离设定（如果检测单位为0.1μm，设定为50） |

在进行调试时，按照表4-2设定参数，设定（勾选√）其中的功能位，再根据实际凸起量调整加速量（No.2048）和加速时间（No.2071），直至凸起消除，如图4-90所示。

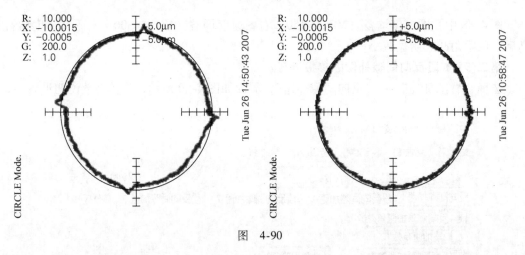

图　4-90

图4-90中左图象限角在5μm以内，基本可以满足要求。右图通过调整参数2048和2071后，几乎达到2μm左右就已经非常好了。

在实际工作中，调整增益（速度增益和位置环增益）、加速度2048和加速时间2071是圆弧调整中最常用的方法。

将各象限点调整到5μm以内，如果能调整到2μm以内更好，然后在参数1851中输入实际的反向间隙补偿值，进行圆的试切削加工。

**注意：**丝杠的间隙和精度、导轨的精度和润滑、联轴器是否同心等机械传动部分的问题都会影响圆的加工精度。重复定位精度差和机械装配相关，SERVO GUIDE软件无法补偿。

最好使用球杆仪配合检测，球杆仪软件可以分析反向间隙、伺服不匹配、直线度、垂直度等各误差在圆误差中所占的比重，有利于分析原因。

**说明：** 后面提到的方法（第三步到第五步）和2段反向间隙加速功能可根据实际情况选用。

**第三步：进行不同方向的补偿。**

电动机在从"＋"向"－"及从"－"向"＋"换向时，由于机械安装及导轨摩擦等外界因素的影响，在实际测试圆弧时，反向延时滞后可能会出现不一致的情形，如图4-91所示。

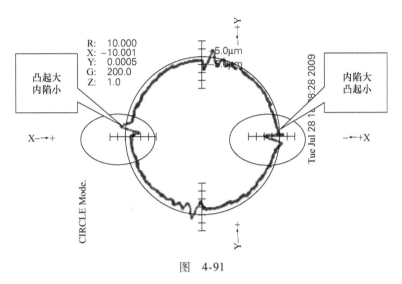

图　4-91

从图4-91可以看出，X轴虽然在相同补偿值下，在圆左侧X轴象限角由负变正时，象限角凸起大，内陷小；圆右侧象限角由正变负时则相反，凸起小，内陷大。此时需要根据不同方向分别进行补偿。

进行不同方向的补偿，"加速度（＋→－）"对应参数2048，"加速度（－→＋）"对应参数2094，如图4-92所示。

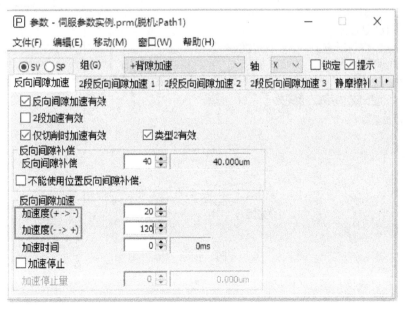

图　4-92

**第四步：重力轴的问题。**

重力轴常使用配重块或液压平衡缸等来平衡主轴重量。如果配重块重量和主轴侧自身的重量差异过大，会造成两者不平衡。图4-93中立式加工中心的Z轴插补换向时，凸起量差距较大，需要进行重力轴的扭矩补偿。

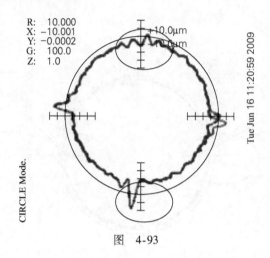

图　4-93

选择"背隙加速"→"2段反向间隙加速1"，输入"补偿扭矩"[⊖]数值，如图4-94所示。

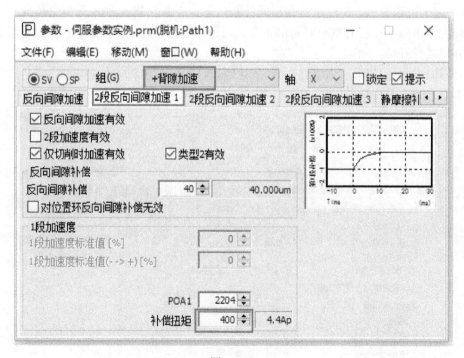

图　4-94

---

[⊖] 此处扭矩即转矩。

进行扭矩补偿的目的：需要保证 Z 轴上下反转时凸起量一致。配重块过轻时，扭矩补偿（No. 2087）的设定值可设定正值；配重块过重时，扭矩补偿（No. 2087）的设定值可设定负值。在保证了上下两个方向凸起量一致的基础上，再使用一段反向间隙加速功能进行细致的调整。

**第五步：不同速度的补偿设定。**

伺服轴在不同速度下运行，反向滞后延时量也将不同，在不同速度下加工圆弧时，其象限的凸起量将不一致。

理论上象限加速量和进给速度是线性关系，如图 4-95 所示。

建立加工速度范围内的线性关系的步骤如下：

1）在速度范围内选择最小速度进行测试，一边观察象限凸起，一边设定最佳反向间隙加速量，将设定值设定在 No. 2048 中。

2）选择在最大和最小速度之间的值，逐渐增大倍率值（参数 No. 2114）。观察象限凸起，凸起消除时，确定倍率值的最佳值。

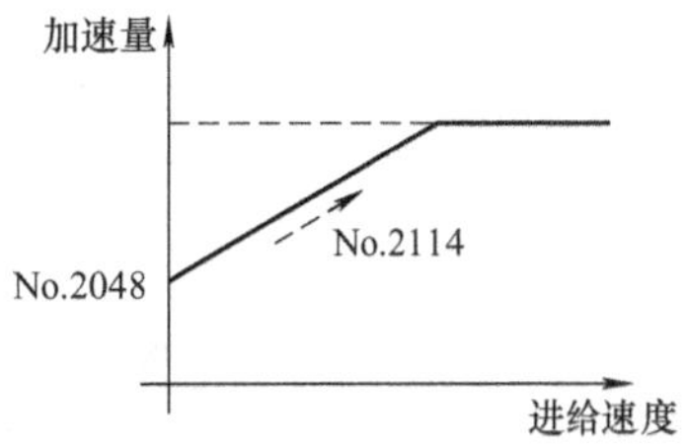

图 4-95

3）将速度设定为最大进行测试，观察圆弧凸起，设定对于最大速度凸起量的补偿值，将该值设定至 No. 2338 中。

**说明：**考虑加工工艺的实际情况，如主轴转速、刀具磨损等因素，模具加工的速度一般在 F3000 以下，可以以某一固定速度（通常为 F2000）进行反向间隙的补偿，通常不需要以不同的速度进行补偿。

当存在不同方向的反向间隙补偿时，与其对应的不同速度下的补偿参数见表 4-3。

表 4-3

| 方向设定 | 反 方 向 | 反向间隙加速量 | 加速量倍率 | 加速量极限值 |
|---|---|---|---|---|
| 无 | 通用 | No. 2048 | No. 2114 | No. 2338 |
| 有 | 从正向到负向反转 | | | |
| | 从负向到正向反转 | No. 2094 | No. 2340 | No. 2341 |

参数 2048：反向间隙加速量（用于从正向到负向反转）

参数 2114：加速量倍率（用于从正向到负向反转）

参数 2338：加速量极限值（用于从正向到负向反转）

参数 2094：反向间隙加速量（用于从负向到正向反转）

参数 2340：加速量倍率（用于从负向到正向反转）

参数 2341：加速量极限值（用于从负向到正向反转）

（2）2 段反向间隙加速功能的调试步骤　如果在 1 段反向间隙加速功能补偿值设定很大的情况下（如 No. 2048：600，No. 2071：80 左右），对于加工圆弧的象限凸起仍没有明显作用时，需要尝试使用 2 段反向间隙加速功能。

2 段反向间隙加速功能，针对的是机床的机械传动摩擦力。

2 段反向间隙加速功能是在 1 段反向间隙加速功能之后发生作用的，两者之间的作用时机和配合关系如图 4-96 所示。

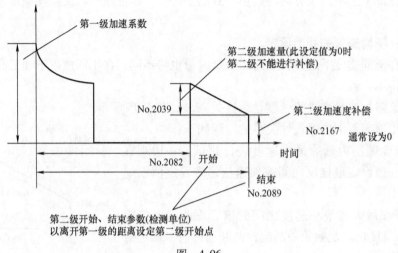

图 4-96

1）参数说明。

① 参数 No. 2082 是 2 段反向间隙加速功能的开始位置。

② 参数 No. 2089 是 2 段反向间隙加速功能的结束位置倍率（0.1 倍单位）。

**No. 2082 和 No. 2089 的关系如下：**

a）No. 2089 设定为 0 时，如果 No. 2082 设定为正值，则结束位置在起点的两倍处。

**例 4-5** 2089 = 0，2082 = 5，起点位置 2082 的值为 5，结束位置的值为 10。

b）No. 2089 设定为 0 时，如果 No. 2082 设定为负值，则终点位置在起点的三倍处。

**例 4-6** 2089 = 0，2082 = −5，起点位置 2082 的值为 −5，结束位置的值为 −15。

c）No. 2089 设定为非 0 值时，则终点位置为：

No. 2082 × No. 2089 × 0.1 （×0.1 是因为 No. 2089 的单位是 0.1 倍）

**例 4-7** 2089 = 40，2082 = 5，起点位置 2082 的值为 5，结束位置的值为 2。

$$5 \times 40 \times 0.1 = 20$$

虽然参数 2089 设为 40，但是因为 2089 是倍率值，实际结束位置为 20。

在实际调整时，需要注意固定一端不变。

在修改开始位置 2082 时，需要保持结束位置不变，观察测试加工的效果；同样修改结束位置时，需要保持开始位置 2082 不变，观察测试加工的效果。

需要使用 2 段反向间隙加速功能时，往往 1 段反向间隙加速补偿量 2048 设定很小。如果设定过大，电动机反转就会出现过切现象。

2）调试步骤。

**第一步：设定初始补偿值，进行粗略补偿，观察测试圆弧。**

选择"背隙加速"→"2 段反向间隙加速 1"→"2 段加速度有效" ，"类型 2 有效"，"1 段加速度标准值"输入 50（对应参数 2048），如图 4-97 所示。

选择"背隙加速"→"2 段反向间隙加速 2"→"类型 2 有效"，设定"初始位置"

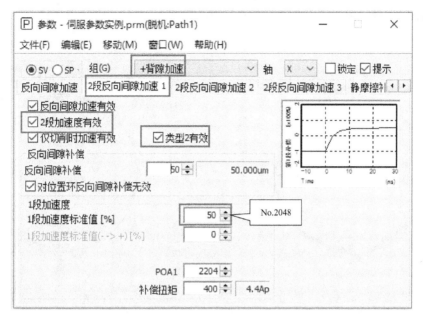

图　4-97

（对应参数 2082）和 "结束位置"（对应参数 2089）。如图 4-98 所示，起点为 5μm，参数 2089 = 0，倍率为零，结束位置是初始两倍位置，为 10μm。

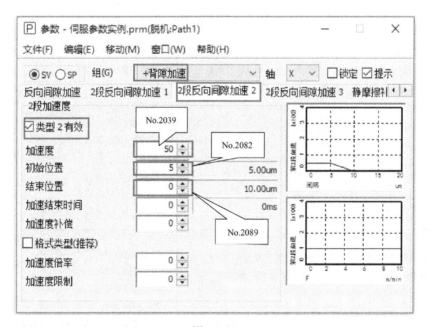

图　4-98

测试测定圆弧，如图 4-99 所示。

**第二步：分析 1 段加速量是否合理。**

电动机在反向时，首先起加速作用的是 1 段反向间隙加速，即电动机反转时的摩擦力矩。

将图 4-99 按下 <Z> 键，放大后如图 4-100 所示。

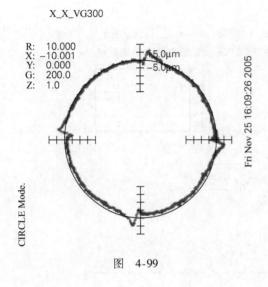

图 4-99

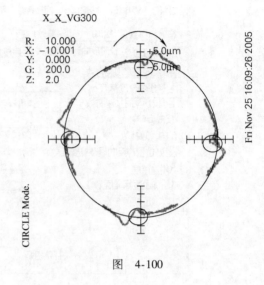

图 4-100

从图 4-100 中可以看出，在顺时针加工时，反转时出现内陷，发生了过切，需要修改 1 段加速量 No.2048。

针对 2 段反向间隙的细调主要围绕初始位置、结束位置、加速量的细致调整进行，出现的几种情况见表 4-4。

表 4-4

| | |
|---|---|
| 情况 I：顺时针加工圆，刚刚越过象限，就出现象限角的起点和终点，说明 2 段加速补偿的起点和终点太晚；进行补偿，起点 =10，倍率 =0，终点实际为 20<br><br>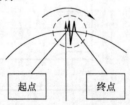 | 补偿举例：<br>No. 2039 = 500<br>No. 2082 = 10<br>No. 2089 = 0<br>(2082 = 10，2089 = 0)<br>起点 = 10<br>终点 = 10 ×2 = 20<br>FANUC 终点位置算法：<br>终点 = 10 ×2 = 20 |
| 情况 II：顺时针加工圆，刚刚越过象限，就出现象限角的起点。说明 2 段补偿的起点有点晚，需要重新调整起点，修改时，保持终点不变<br>右表中将情况 I 的起点 2082 改为 5，终点不变<br><br> | 补偿举例：<br>No. 2039 = 500<br>No. 2082 = 5<br>No. 2089 = 40<br>（为保证终点不变，修改值为 40）<br>起点 = 5（比较情况 I 提前了）<br>终点位置 = 20<br>FANUC 终点位置算法：<br>终点 = 5 ×40 ×0.1 = 20<br>终点不变 |

（续）

| | 补偿举例: |
|---|---|
| 情况Ⅲ：顺时针加工圆，象限角终点出现比较晚。说明2段加速的终点补偿有点早，需要重新修改终点，此时保持起点不变<br>右表中将终点倍率改为60，实际终点位置＝30，较情况Ⅱ延迟<br>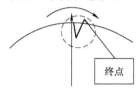 | No. 2039 ＝ 500<br>No. 2082 ＝ 5<br>（修改终点，保持起点不变）<br>No. 2089 ＝ 60<br>起点位置 ＝ 5<br>终点位置 ＝ 30<br>FANUC 终点位置算法：<br>终点 ＝ 5 × 60 × 0.1 ＝ 30<br>较情况Ⅱ延迟 |
| 情况Ⅳ：合理调整2段加速起点、终点，得到下图，由于2段加速量补偿比较多，产生过切。此时需要调整2段补偿量 No. 2039<br>右图中将补偿量减小为150<br> | 补偿举例:<br>No. 2039 ＝ 150<br>（补偿量减小）<br>No. 2082 ＝ 5<br>No. 2089 ＝ 60 |

**第三步：关于加速量补偿 No. 2167。**

使用补偿量（No. 2039）进行补偿2段反向间隙加速量时，如果设定值很大，仍无法进行有效抑制圆弧象限凸起，可尝试使用加速量补偿（No. 2167）进行抑制象限凸起，该参数在抑制象限凸起上作用明显，如图4-101所示。

**注意：** No. 2167 不宜设定过大，否则会造成过切。

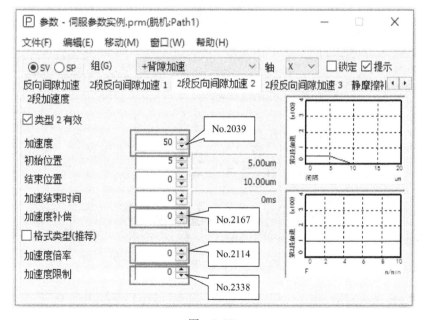

图　4-101

**第四步：进行不同方向的补偿。**

如果使用 2 段反向间隙加速功能出现不同凸起量时，和 1 段反向间隙加速功能一样，也可以进行不同方向的补偿设定。

其对应关系见表 4-5。

表 4-5

| 方 向 设 定 | 反 方 向 | 第二级加速量 | 加速量倍率 | 加速量极限值 |
|---|---|---|---|---|
| 无 | 通用 | No. 2039 | No. 2114 | No. 2338 |
| 有 | 正向转负向 | No. 2039 | No. 2114 | No. 2338 |
| | 负向转正向 | No. 2339 | No. 2340 | No. 2341 |

# 4.8 方带 1/4 圆弧曲线的测试

方带 1/4 圆弧曲线测试是 SERVO GUIDE 调试的第四步，1/4 圆弧程序主要用来提高程序中直线至圆弧，或圆弧至直线过渡处的加工精度。

## 4.8.1 SERVO GUIDE 软件中图形的设置

SERVO GUIDE 软件中图形的设置步骤如下：

1）单击"图形"→"新图形窗口"，如图 4-102 和图 4-103 所示。

图 4-102

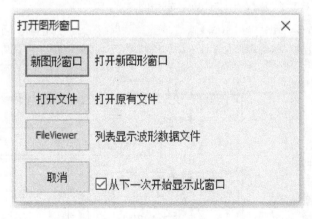

图 4-103

2）单击 进入通道设定，设置采样数据，如图 4-104 ~ 图 4-106 所示。

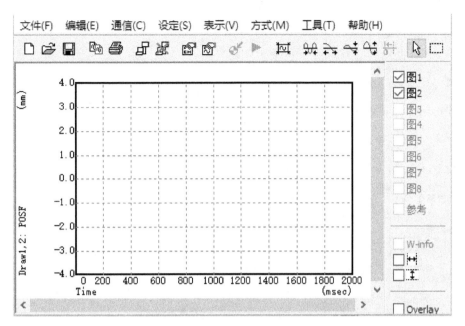

图 4-104

图 4-105

**关键数据的设置如下:**

① 测定数据点,采集的点为 4000,采样周期为 1ms。

② 触发器设定,设定 PATH1,代表路径 1。N1 表示 N1 行程序触发开始采样。

③ 数据类型。

X(1) 代表 X 轴;Y(2) 代表 Y 轴。

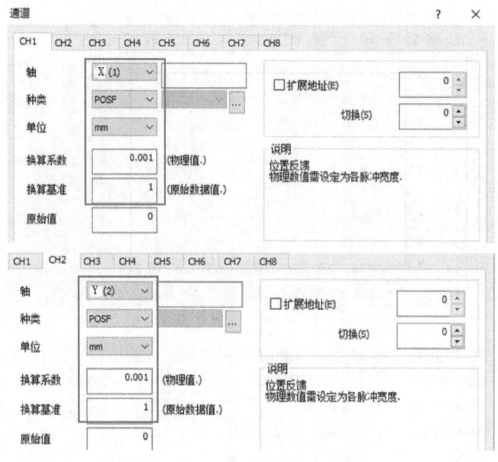

图 4-106

CH1、CH2：POSF 为位置偏差。

换算系数：0.001。

换算基准：1。

④ 显示模式：图形模式 XY。

3）单击"操作演示"，设置显示模式。选择"图形模式"为 XY，Draw1 的"操作"选择 XY，"输入 1"选择 ACQ：CH1，"输入 2"选择 ACQ：CH1，如图 4-107 所示。

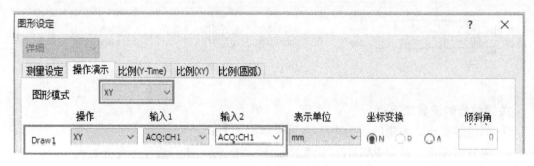

图 4-107

### 4.8.2 SERVO GUIDE 软件中方带 1/4 圆弧曲线的检测

单击"程序",进入程序界面,设置程序工作模式,如图 4-108 所示。

| 参数 | 图形 | 程序 | 调整向导... | 通信设定... | 192.168.1.1:Error |

图 4-108

1)程序设置。在"程序模式"中选择"方带 1/4 圆弧",单击"适用"按钮,生成检测曲线的运行程序,如图 4-109 所示。

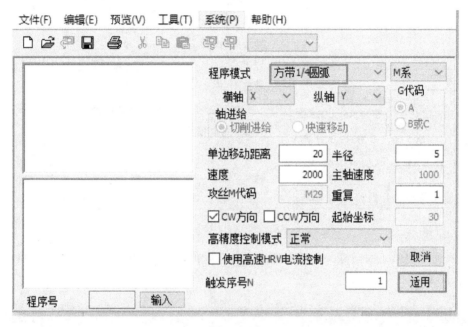

图 4-109

**程序详解:**

| G91  G94; | 增量编程,每分钟进给 |
|---|---|
| N1; | 行号 N1 开始采样 |
| N2 G01 X20.000 F2000.000; | 加工直线 |
| G17 G02 X5.000 Y−5.000 R5.000 F2000.000; | 加工圆弧 |
| G01 Y−20.000 F2000.000; | 加工直线 |
| G17 G02 X−5.000 Y−5.000 R5.000 F2000.000; | 加工圆弧 |
| G01 X−20.000 F2000.000; | 加工直线 |
| G17 G02 X−5.000 Y5.000 R5.000 F2000.000; | 加工圆弧 |
| G01 Y20.000 F2000.000; | 加工直线 |
| G17 G02 X5.000 Y5.000 R5.000 F2000.000; | 加工圆弧 |
| G04 X1.; | 延时 1s |
| N999 G04 X1.; | 延时 1s |
| M99; | 子程序返回 |

2）将程序发送到数控系统。单击"程序号"后的"输入"按钮，单击发送子程序 ![icon] 按钮和发送主程序 ![icon] 按钮，将程序发送到数控系统，如图4-110所示。

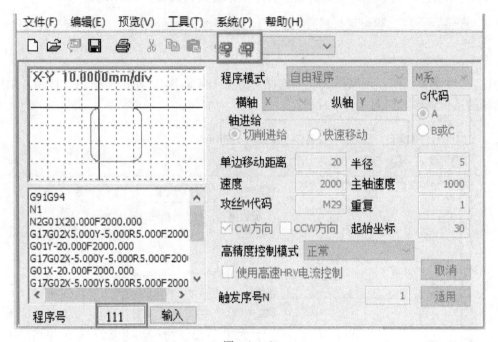

图 4-110

3）回到"图形"对话框，先单击原点 ![icon]，再单击 ![icon]，开始采样，如图4-111和图4-112所示。

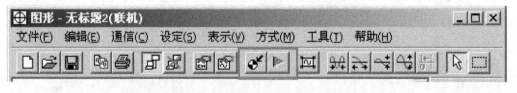

图 4-111

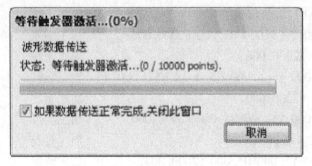

图 4-112

4）按下机床控制面板上的"循环启动"按钮，当NC程序执行到N1时，自动采样数据，显示图形，如图4-113所示。

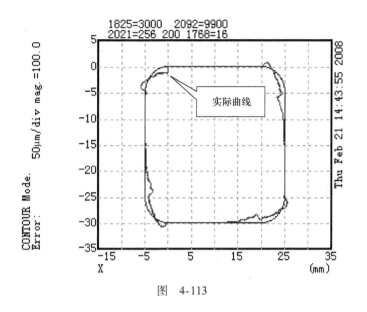

图 4-113

### 4.8.3 方带1/4圆弧调整

方带 1/4 圆弧的调整步骤如下：

1）调整速度前馈系数，对应参数调整 2069。数值范围为 0～200，标准值为 50。执行"前馈"→"速度前馈系数"，如图 4-114 所示。

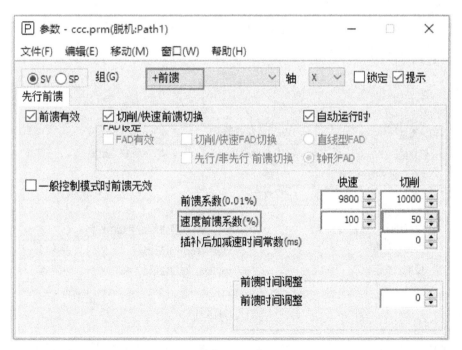

图 4-114

图 4-115 中 X 轴的速度前馈系数 2069 = 50，Y 轴的 2069 = 0，曲线比没有调整的图 4-113 变好。

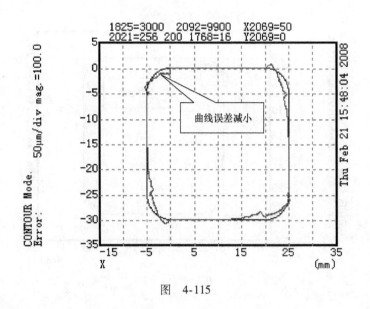

图 4-115

2）调整速度增益，使圆弧表面波动减小。执行"＋基本速度控制"→"速度增益（％）"，图 4-116 中速度增益由 200 提高到 400，增益提高后的曲线变好了，如图 4-117 所示。

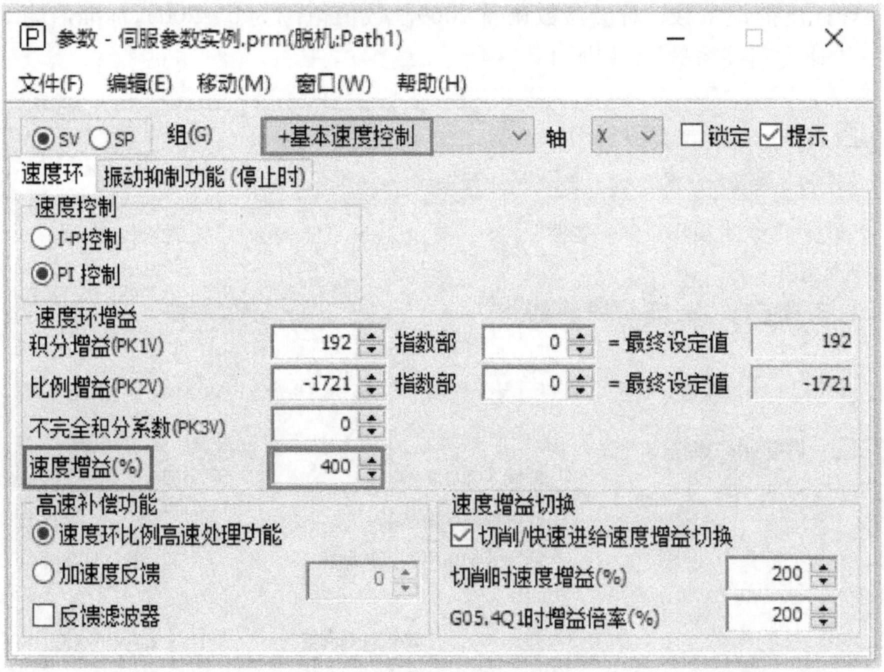

图 4-116

3）限制基于圆弧半径的进给速度，调整"最大加速度"（参数 1735）、"最小进给速度限制"（参数 1732）。执行"＋AI 轮廓控制"→"圆弧加速度减速"→"最大加速度"和"最小进给速度限制"，如图 4-118 所示。优化后的图形非常理想，如图 4-119 所示。

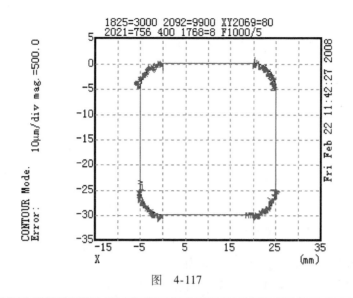

图　4-117

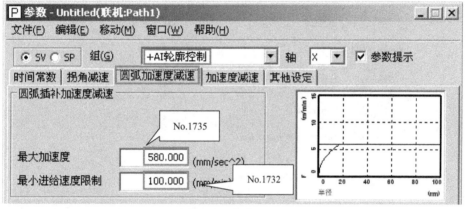

图　4-118

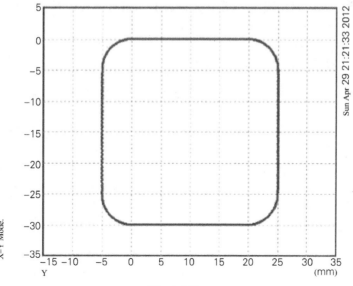

图　4-119

**注意：**

1）反向间隙加速功能补偿设定值（No.2048）不宜过大，否则会造成直线到圆弧过渡处产生明显过切。

2）提高速度增益，可以明显改善直线到圆弧过渡处的精度。

## 4.9 方形尖角精度的测试

方形尖角精度测试是 SERVO GUIDE 调试的第五步，主要用来提高程序中拐角的加工精度。通常使用拐角减速功能，即限制拐角处的加工速度满足精度要求，但会降低加工效率。

### 4.9.1 SERVO GUIDE 软件中图形的设置

SERVO GUIDE 软件中图形的设置步骤如下：

1）单击"图形"→"新图形窗口"，如图 4-120 所示。

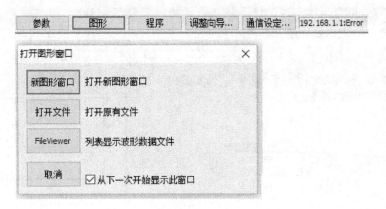

图 4-120

2）单击 ，进入通道设定，设置采样数据，如图 4-121～图 4-123 所示。

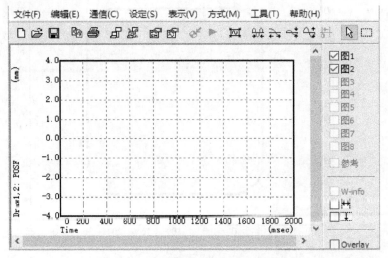

图 4-121

图 4-122

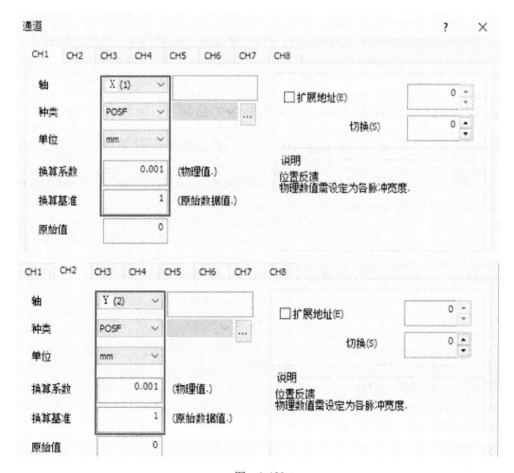

图 4-123

**关键数据的设置如下：**

① 测定数据点，采集的点为4000，采样周期为1ms。

② 触发器设定，设定PATH1，代表路径1。N1表示N1行程序触发开始采样。

③ 数据类型：

X（1）代表X轴；Y（2）代表Y轴。

CH1、CH2：POSF为位置偏差。

换算系数：0.001。

换算基准：1。

④ 显示模式：图形模式XY。

3）单击"操作演示"，设置显示模式，选择"图形模式"为XY，Draw1的"操作"选择XY，"输入1"选择ACQ：CH1，"输入2"选择ACQ：CH2，如图4-124所示。

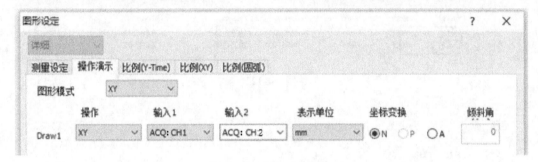

图4-124

### 4.9.2　SERVO GUIDE软件中方形尖角曲线的检测

单击"程序"，进入程序界面，设置程序工作模式，如图4-125所示。

| 参数 | 图形 | 程序 | 调整向导... | 通信设定... | 192.168.1.1:Error |
| --- | --- | --- | --- | --- | --- |

图　4-125

1）程序设置。在"程序模式"中选择"走方程序"，单击"适用"按钮，生成程序，如图4-126所示。

**程序详解：**

| | |
| --- | --- |
| G91　G94 | 增量编程，每分钟进给 |
| N1； | 行号N1开始采样 |
| N2 G5.1　Q1； | AICC高精度加工开始 |
| G01 X20.0 F2000.000； | 走方程序 |
| G01 Y－20.0 F2000.000； | |
| G01 X－20.0 F2000.000； | |
| G01 Y20.0 F2000.000； | |
| G5.1 Q0； | AICC高精度加工结束 |
| G04 X1.； | 延时1s |

N999 G04 X1. ;　　　　　　　　　延时 1s

M99 ;　　　　　　　　　　　　　　子程序返回

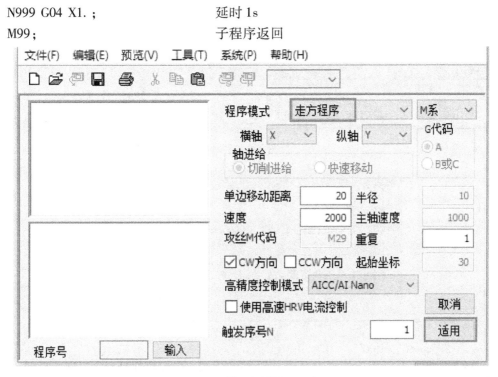

图　4-126

2）将程序发送到数控系统。单击"程序号"后的"输入"按钮，单击发送子程序 ![按钮] 按钮和发送主程序 ![按钮] 按钮，将程序发送到数控系统，如图4-127所示。

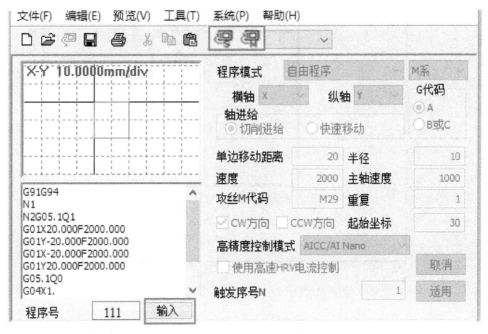

图　4-127

3）回到"图形"对话框，先单击原点 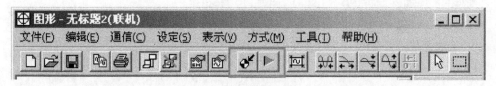，再单击 ▶，开始采样，如图 4-128 和图 4-129 所示。

图 4-128

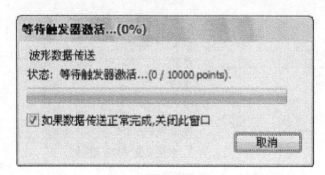

图 4-129

4）按下机床控制面板上的"循环启动"按钮，当 NC 程序执行到 N1 时，自动采样数据，显示图形，如图 4-130 所示。

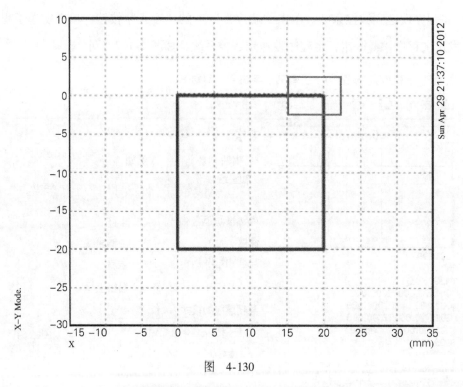

图 4-130

用鼠标将加工方形右上角拖至观察图形的正中间，此时按下 < U > 键放大图形，按下 < D > 键缩小图形，如图 4-131 所示。

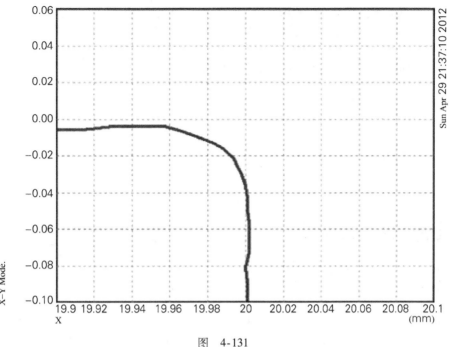

图　4-131

### 4.9.3　方形尖角调整

方形尖角调整步骤如下：

1）调整拐角减速允许速度差，对应参数 1783，数值范围为 0～1000。

采用 AI 先行控制（AIAPC）方式加工时，执行"参数"→"加速度"，然后单击"＋AI 先行控制"→"拐角减速"→"允许速度差"，如图 4-132 所示。

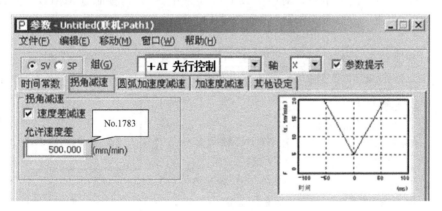

图　4-132

采用 AI 轮廓控制（AICC）方式加工时，执行"参数"→"加速度"，然后单击"AI 轮廓控制"→"拐角减速"→"允许速度差"，如图 4-133～图 4-135 所示。

图 4-134 拐角减速允许速度差 1783 没有限制，图 4-135 的拐角减速允许速度差 1783 ＝ 1000，调整后图 4-135 的尖角误差减小。

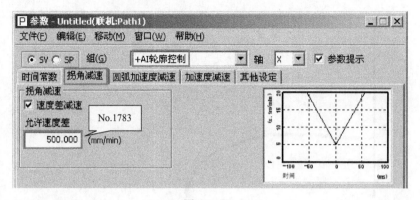

图 4-133

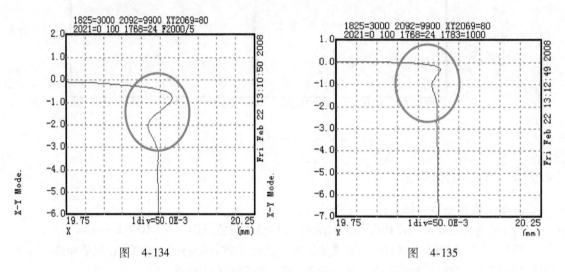

图 4-134

图 4-135

2）调整切削进给时间常数，对应参数1769。采用 AI 先行控制（AIAPC）方式加工时，执行"AI 先行控制"→"时间常数"，如图 4-136 所示。

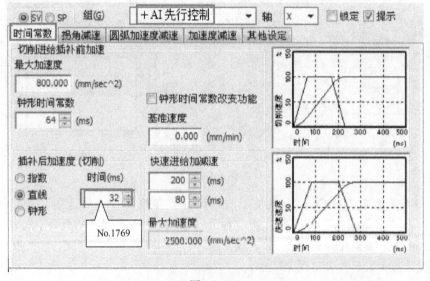

图 4-136

采用 AI 轮廓控制（AICC）方式加工时，执行"AI 轮廓控制"→"时间常数"，如图 4-137 所示。

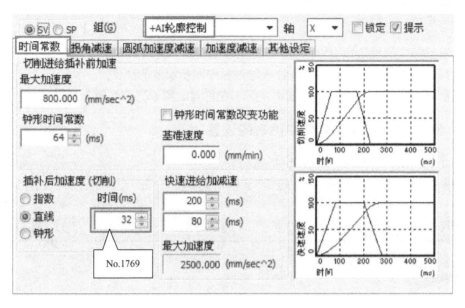

图 4-137

3）调整速度前馈系数，对应参数调整 2069，数值范围为 0 ~ 200。执行"前馈"→"速度前馈系数"，如图 4-138 所示。

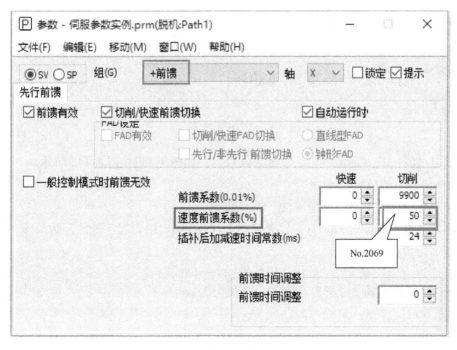

图 4-138

## 4.10 刚性攻丝精度的测试

刚性攻丝精度测试是 SERVO GUIDE 调试的第六步，测定 Z 轴同步误差和主轴起动速度的变化，可以更准确地分析和检验刚性攻丝过程中同步误差的变化。

测试前，参数 3700#5 设为 1，输出 Z 轴同步误差，调试完成后设为 0。

### 4.10.1 SERVO GUIDE 软件中图形的设置

SERVO GUIDE 软件中图形的设置步骤如下：

1）单击"图形"→"新图形窗口"，如图 4-139 所示。

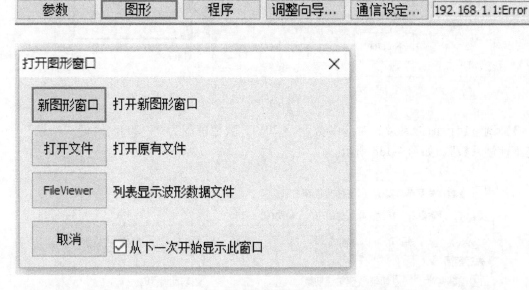

图 4-139

2）单击 ，进入通道设定，设置采样数据，如图 4-140 ~ 图 4-142 所示。

**关键数据的设置如下：**

① 测定数据点，采集的点为 4000，采样周期为 1ms。

② 触发器设定，设定 PATH1，代表路径 1。N1 表示 N1 行程序触发开始采样。

③ 数据类型：

Z（2）代表 Z 轴，种类为 SYNC，单位为 pulse（脉冲）。

S1（-1）代表主轴，种类为 SPEED，单位为 1/min。

换算系数：1。

换算基准：1。

④ 显示模式：图形模式 YT。

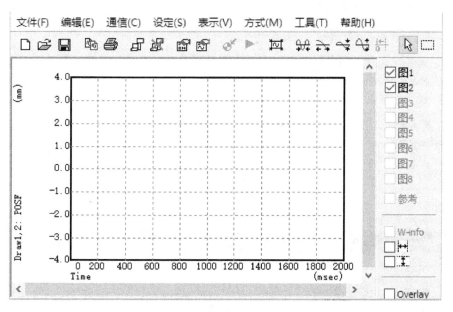

图　4-140

图　4-141

3）单击"操作演示"，设置显示模式。选择"图形模式"为YT，Draw1的"操作"选择YT，"输入1"选择ACQ：CH1，Draw2的"操作"选择YT，"输入1"选择ACQ：CH2，如图4-143所示。

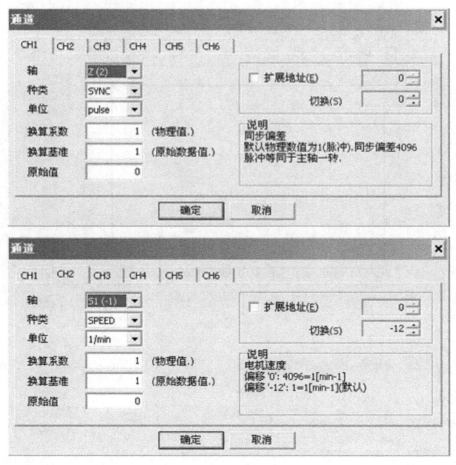

图　4-142

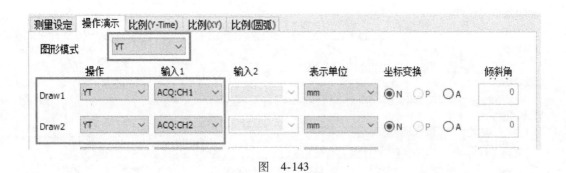

图　4-143

### 4.10.2　SERVO GUIDE 软件中刚性攻丝曲线的检测

单击"程序",进入程序界面,设置程序工作模式,如图4-144所示。

图　4-144

1) 程序设置。在"程序模式"中选择"刚性攻丝",单击"适用"按钮,生成程序,如图4-145所示。

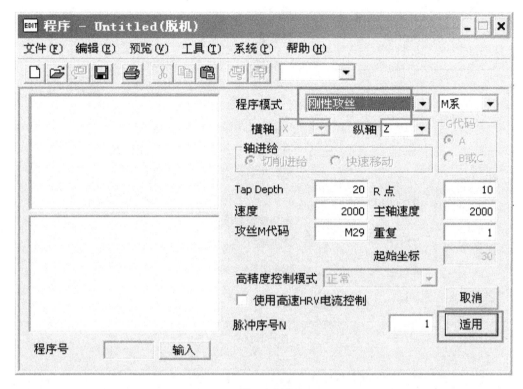

图 4-145

**程序详解:**

| G91 G94; | 增量编程,每分钟进给 |
|---|---|
| N1; | 行号 N1 开始采样 |
| N2 M29 S2000; | 刚性攻丝 |
| G84 Z-20.0 R-10.0 F2000 K1; | 攻丝循环 |
| G80; | 取消循环 |
| G04 X1.; | 延时 1s |
| N999 G04 X1.; | 延时 1s |
| M99; | 子程序返回 |

2) 将程序发送到数控系统。单击"程序号"后的"输入"按钮,单击发送子程序  按钮,再单击发送主程序 按钮,程序发送到数控系统,如图4-146所示。

3) 回到"图形"对话框,先单击原点 ,再单击 ,开始采样,如图4-147和图4-148所示。

4) 按下机床控制面板上的"循环启动"按钮,当 NC 程序执行到 N1 时,自动采样数据,显示图形,如图4-149所示。

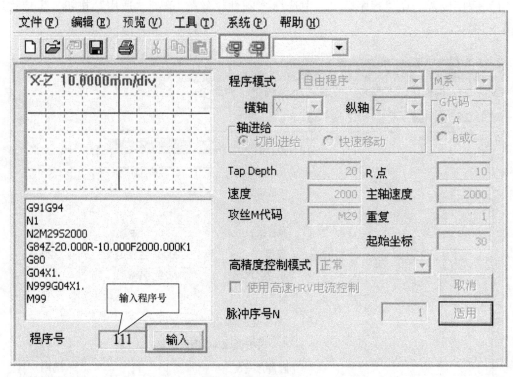

图 4-146

图 4-147

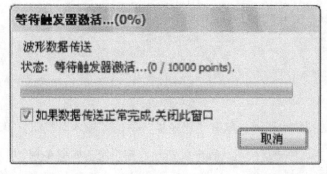

图 4-148

原则上，同步误差不能大于200脉冲。对于带传动的主轴，由于传动误差（特别是在底部的加减速）不能完全监测到，在实际调试中，应尽量减小这个误差值（最好小于60脉冲）。图4-149中最大误差的下限标记线在-8附近，上限在45附近，同步误差约为50脉冲。

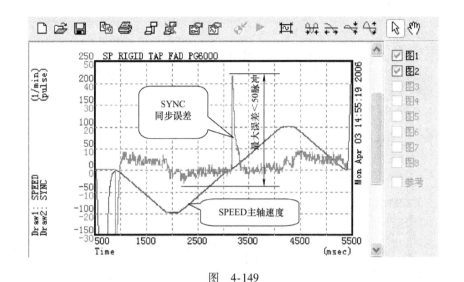

图　4-149

### 4.10.3　刚性攻丝调整

刚性攻丝调整步骤如下：

1）调整加减速时间常数，对应参数5261～5264（一挡到四挡）。

**第一步**：单击"参数"→"在线"，如图4-150所示。

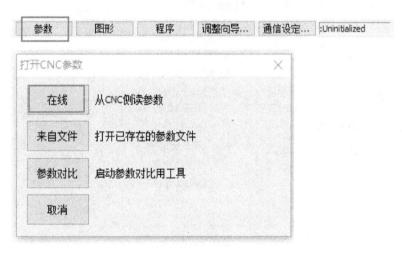

图　4-150

　　**第二步**：选择"SP"→"刚性攻丝"→"指令设定"→"加减速时间常数"，调整加减速时间常数值。

　　加减速时间常数分别为第一挡齿轮（5261）、第二挡齿轮（5262）、第三挡齿轮（5263）、第四挡齿轮（5264），如图4-151所示。

　　2）调整主轴和攻丝轴的位置增益（公用参数），对应参数5280。调整主轴和攻丝轴的位置增益（5280）和4065～4068要一致。选择"SP"→"刚性攻丝"→"位置控制"→"位置增益"，如图4-152所示。参数说明见表4-6。

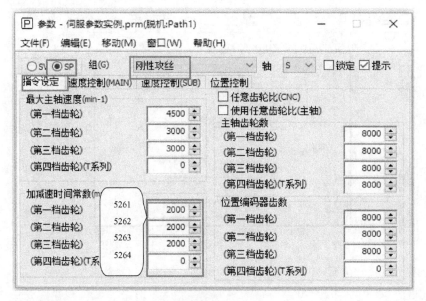

图　4-151

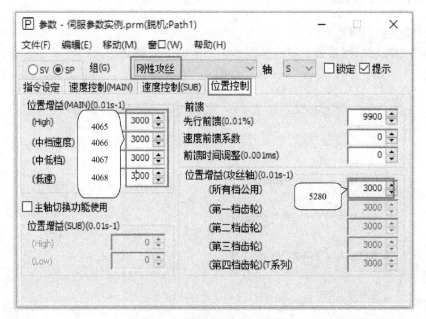

图　4-152

表　4-6

| 参　数　号 | 说　　明 | 参　考 | 备　注 |
|---|---|---|---|
| 5261 ~ 5264 | 刚性攻丝各挡的加减速时间常数 | 50 ~ 3500 | 要仔细调试（通过观察加减速同步误差） |
| 5280 | 刚性攻丝主轴和攻丝轴的位置增益（公用参数） | | 与 4065 ~ 4068 设定值一致 |

# 第5章 硬件电路解析

## 5.1 FANUC 0i – D/0i – F 系统主板的组成

FANUC 0i – D 系统的主板包括母板、轴卡、存储卡、电源、逆变器板（高压条）、LCD
液晶屏、灯管和电池，如图 5-1 所示。

高压条

图 5-1

FANUC 0i – F 系统的主板包括母板、存储卡、电源、逆变器板（高压条）、LCD 液晶
屏、灯管和电池，如图 5-2 所示。其中 FANUC 0i – F 系统轴卡已集成到母板上。

### 5.1.1 FANUC 母板

FANUC 母板包括 CNC 控制的主 CPU、电源控制电路、主轴控制电路、LCD/MDI 显示
控制电路、I/O Link 总线控制、PMC 控制、RS – 232 总线控制、存储卡控制、以太网、USB
等，如图 5-3 所示。

图　5-2

图　5-3

系统主 CPU 完成系统引导文件、存储器、内嵌以太网、各功能板的控制。

系统周边控制 CPU 完成 FROM/SRAM 存储卡、RS232 接口、USB 接口、MDI 面板接口、CF 卡的控制。

系统 PMC CPU 完成 CPU 控制、PMC 程序控制、I/O Link 总线控制及附加伺服轴控制。

第二串行数字主轴 CPU 完成第二串行数字主轴的控制。

### 5.1.2 轴卡

轴卡发送并接收反馈脉冲，控制电动机运行。轴卡不存储数据，同型号可以直接更换，如图 5-4 所示。

图 5-4

### 5.1.3 FROM/SRAM 存储卡

FROM/SRAM 存储卡包括 FROM 和 SRAM 两部分，如图 5-5 所示。

1）FROM：FLASH – ROM，只读存储器，用于存储 FANUC 的系统文件和用户程序。

系统文件是 FANUC 提供的 CNC 和伺服控制软件。

用户程序是机床厂编写的 PMC 程序、宏执行程序、C 语言执行程序等。

图 5-5

系统文件有保护，不可随意复制，这是为了防止随意复制 FANUC 软件而设防的，用户程序没有保护，可以对用户程序备份和回装，尤其是更换存储卡时必须回装用户程序。

用户程序主要有以下几类：

|  |  |
|---|---|
| PMC × | 梯形图程序 |
| PD × × × | 宏执行器用户程序 |
| CEX ×. × M | C 语言执行器用户程序 |
| FPF ×. × M | FANUC PICTURE 用户程序 |

例如：

|  |  |
|---|---|
| PMC1 | 梯形图程序 |
| PD942.0M | 宏执行器用户程序 |

　　　　CEX1.0M　　　　C 语言执行器用户程序
　　　　FPF2.0M　　　　FANUC PICTURE 用户程序

2）SRAM：静态随机存储器。断电后需要电池保护，数据具有易失性，所以必须备份。
SRAM 数据类型：

　　　　系统参数
　　　　螺距误差补偿
　　　　加工程序
　　　　刀具补偿值
　　　　PMC 参数
　　　　工件坐标系数

CF 卡 BOOT 引导界面数据备份和恢复如图 5-6 所示。

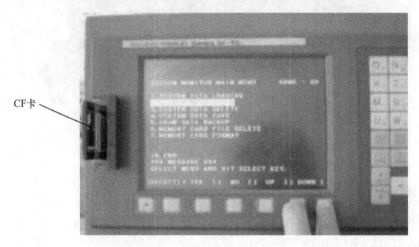

CF卡

图　5-6

　　同时按住最右边两个键或按住 MDI 的 6、7，系统上电，进入引导界面，如图 5-7 所示，相应功能注释见表 5-1。

SYSTEM MONITOR MAIN MENU

1. END
2. USER DATA LOADING
3. SYSTEM DATA LOADING
4. SYSTEM DATA CHECK
5. SYSTEM DATA DELETE
6. SYSTEM DATA SAVE
7. SRAM DATA UTILITY
8. MEMORY CARD FORMAT
　…MESSAGE…
SELECT MENU AND HIT SELECT KEY
[SELECT] [YES] [NO] [UP] [DOWN]

图　5-7

表　5-1

| | |
|---|---|
| 1 | 结束 |
| 2 | 把 CF 卡的用户程序读取出来，写入 FROM 中 |
| 3 | 把 CF 卡的系统文件读取出来，写入 FROM 中 |
| 4 | FROM 系统文件的检查 |
| 5 | 删除 FROM 中的系统程序和用户程序 |
| 6 | FROM 中文件保存到 CF 卡 |
| 7 | SRAM 数据的备份与恢复 |
| 8 | 格式化 CF 卡 |

**1. FROM 用户程序备份**

1）选择 "6. SYSTEM DATA SAVE"，如图 5-8 所示。

2）选择翻页键，找到用户程序，如图 5-9 所示。

```
SYSTEM MONITOR MAIN MENU
1. END
2. USER DATA LOADING
3. SYSTEM DATA LOADING
4. SYSTEM DATA CHECK
5. SYSTEM DATA DELETE
6. SYSTEM DATA SAVE
7. SRAM DATA UTILITY
8. MEMORY CARD FORMAT
    …MESSAGE…
SELECT MENU AND HIT SELECT KEY

[SELECT] [YES] [NO] [UP] [DOWN]
```

图　5-8

```
SYSTEM DATA SAVE
FROM DIRECTORY
20. PMC1          梯形图程序
21. PD942.0M      宏执行器用户程序
22. CEX 1.0M      C 语言执行器用户程序
23. FPF 2.0M      FANUC PICTURE 用户程序
    …MESSAGE…
SELECT MENU AND HIT SELECT KEY
[SELECT] [YES] [NO] [UP] [DOWN]
```

图　5-9

3）移动光标，选择 "20. PMC1"，如图 5-10 所示。

4）选择［SELECT］，如图 5-11 所示。

```
SYSTEM DATA SAVE
FROM DIRECTORY
20. PMC1          梯形图程序
21. PD942.0M      宏执行器用户程序
22. CEX 1.0M      C 语言执行器用户程序
23. FPF 2.0M      FANUC PICTURE 用户程序

    …MESSAGE…
SELECT MENU AND HIT SELECT KEY
[SELECT] [YES] [NO] [UP] [DOWN]
```

图　5-10

```
SYSTEM DATA SAVE
FROM DIRECTORY
20. PMC1
21. PD942.0M
22. CEX 1.0M
23. FPF 2.0M

    …MESSAGE…
SYSTEM DATA SAVE OK? HIT YES OR NO
[SELECT] [YES] [NO] [UP] [DOWN]
```

图　5-11

5）按下［YES］，备份完成后显示如图 5-12 所示。

6）依次备份 PD942.0M、CEX1.0M、FPF2.0M。

**2. FROM 用户程序恢复**

选择 "2. USER DATA LOADING"，恢复用户数据，操作同上。

### 3. SRAM 备份

1）选择"7. SRAM DATA UTILITY"，如图 5-13 所示。

```
SYSTEM DATA SAVE
FROM DIRECTORY
20. PMC1
21. PD942. 0M
22. CEX 1. 0M
23. FPF 2. 0M

      …MESSAGE…
FILE SAVE COMPLETE. HIT SELECT KEY
SAVE FILE NAME：PMC1. 000
[SELECT] [YES] [NO] [UP] [DOWN]
```

图 5-12

```
SYSTEM MONITOR MAIN MENU
1.  END
2.  USER DATA LOADING
3.  SYSTEM DATA LOADING
4.  SYSTEM DATA CHECK
5.  SYSTEM DATA DELETE
6.  SYSTEM DATA SAVE
7.  SRAM DATA UTILITY
8.  MEMORY CARD FORMAT
     …MESSAGE…
SELECT MENU AND HIT SELECT KEY
[SELECT] [YES] [NO] [UP] [DOWN]
```

图 5-13

2）选择"1. SRAM BACKUP（CNC→MEMORY CARD）"，按下［SELECT］，如图 5-14 所示。

3）按下［YES］，数据开始备份，直到完成，如图 5-15 所示。

4）按下［SELECT］，数据备份结束，返回主界面。

```
SRAM DATA UTILITY
1.  SRAM BACKUP    (CNC→MEMORY CARD)
2.  RESTORE SRAM (MEMORY CARD→ CNC)
3.  AUTO BKUP RESTORE (FROM → CNC)
4.  END
SRAM + ATA PROG FILE：(1.6MB)

    …MESSAGE…
    SET MEMORY CARD NO. 001
    ARE YOU SURE? HIT YES OR NO
[SELECT] [YES] [NO] [UP] [DOWN]
```

图 5-14

```
SRAM DATA UTILITY
1.  SRAM BACKUP    (CNC→MEMORY CARD)
2.  RESTORE SRAM (MEMORY CARD→ CNC)
3.  AUTO BKUP RESTORE (FROM → CNC)
4.  END
SRAM + ATA PROG FILE：(1.6MB)
SRAM_ BAK. 001
    …MESSAGE…
  SRAM BACKUP COMPLETE. HIT SELECT KEY
[SELECT] [YES] [NO] [UP] [DOWN]
```

图 5-15

### 4. SRAM 恢复

1）选择"2. RESTORE SRAM（MEMORY CARD→CNC）"，如图 5-16 所示。

2）按下［SELECT］，显示如图 5-17 所示。

```
SRAM DATA UTILITY

1. SRAM BACKUP    (CNC→MEMORY CARD)

2. RESTORE SRAM（MEMORY CARD→ CNC）

3. AUTO BKUP RESTORE（FROM → CNC）

4. END

SRAM ＋ ATA PROG FILE：（1.6MB）

SRAM_ BAK.001

     …MESSAGE…

SELECT MENU AND HIT SELECT KEY

[SELECT]［YES］［NO］［UP］［DOWN]
```

图 5-16

```
SRAM DATA UTILITY

1. SRAM BACKUP    (CNC→MEMORY CARD)

2. RESTORE SRAM（MEMORY CARD→ CNC）

3. AUTO BKUP RESTORE（FROM → CNC）

4. END

SRAM ＋ ATA PROG FILE：（1.6MB）


     …MESSAGE…
     ARE YOU SURE? HIT YES OR NO
[SELECT]［YES］［NO］［UP］［DOWN]
```

图 5-17

3）按下［YES］，数据开始恢复，直到完成，如图 5-18 所示。

```
SRAM DATA UTILITY

1. SRAM BACKUP    (CNC→MEMORY CARD)

2. RESTORE SRAM（MEMORY CARD→ CNC）

3. AUTO BKUP RESTORE（FROM → CNC）

4. END

SRAM ＋ ATA PROG FILE：（1.6MB）

SRAM_ BAK.001

ATA PROG EXIST IN SRAM DATA

     …MESSAGE…

SRAM RESTORE COMPLETE. HIT SELECT KEY.

[SELECT]［YES］［NO］［UP］［DOWN]
```

图 5-18

4）按下［SELECT］，数据备份结束，返回主界面。

## 5.1.4 系统电源

系统电源如图 5-19 所示。系统电源可将外部输入的 24V 直流电压转换为 5V、3.3V、2.5V 直流电压。

图 5-19

### 5.1.5 逆变器板

逆变器板又称为高压条，如图5-20所示。逆变器板可将低电压逆变成高电压，点亮灯管，同时给风扇供电。

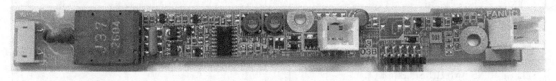

图 5-20

### 5.1.6 灯管

灯管可给液晶屏提供背光，如图5-21所示。

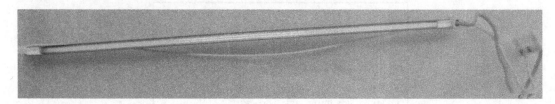

图 5-21

### 5.1.7 电池和电容

电池和电容如图5-22所示。系统断电后，3V锂电池给CF卡供电，保证SRAM的数据不丢失。更换电池时，在系统断电的情况下，由5.5V、0.1F高能存储电容供电，时间为15min。

屏幕上显示BAT时，表示电池电压低，应及时更换电池。更换电池时，系统电源接通，即系统带电更换电池。电池使用寿命为5~8年。

图 5-22

## 5.2　IPM 智能功率模块的工作过程

　　IPM 智能功率模块既可以整流，将交流电整流成直流电，又可以逆变，将直流电逆变为交流电。在 FANUC 电源模块中，IPM 起整流作用；在 FANUC 驱动模块中，起逆变作用，驱动电动机，如图 5-23 和图 5-24 所示。

　　IPM 模块引脚介绍如图 5-25 和图 5-26 所示。

　　主端子：

　　P：电源正极，通常为 300V。

　　N：电源负极，通常为 0V。

　　B：制动输出端子，接制动电阻。

　　U、V、W：逆变器输出端子，交流输出端子。

　　控制端子：

　　1：U 相上桥臂（P－side）控制电源负端。

　　2：U 相上桥臂（P－side）控制信号输入端。

图　5-23

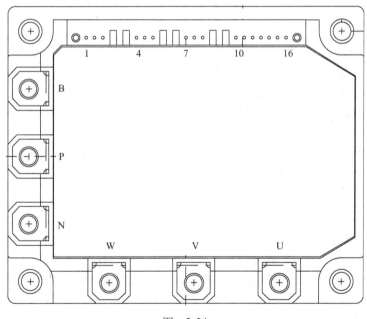

图　5-24

　　3：U 相上桥臂（P－side）控制电源正端，与 1 之间的电压通常为直流 15V。

　　4：V 相上桥臂（P－side）控制电源负端。

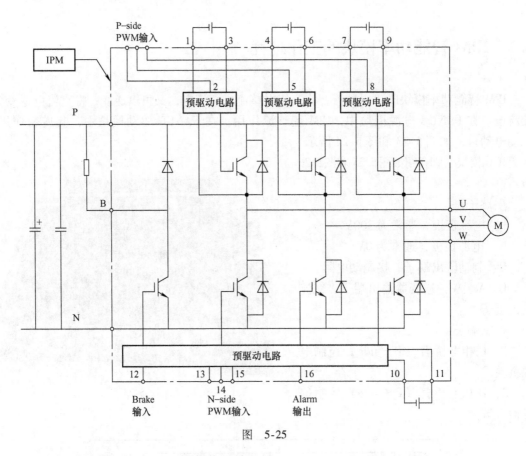

图 5-25

5：V 相上桥臂（P-side）控制信号输入端。

6：V 相上桥臂（P-side）控制电源正端，与 4 之间的电压通常为直流 15V。

7：W 相上桥臂（P-side）控制电源负端。

8：W 相上桥臂（P-side）控制信号输入端。

9：W 相上桥臂（P-side）控制电源正端，与 7 之间的电压通常为直流 15V。

10：下桥臂（N-side）共用的控制电源负端。

11：下桥臂（N-side）共用的控制电源正端，与 10 之间的电压通常为直流 15V。

12：下桥臂制动信号控制输入端。

13：U 相下桥臂（N-side）控制信号输入端。

14：V 相下桥臂（N-side）控制信号输入端。

15：W 相下桥臂（N-side）控制信号输入端。

16：保护电路动作时报警输出端，过热、过电流时输出低电平。

IGBT 绝缘栅双极型晶体管如图 5-27 所示。IPM 集成了 7 个或者 6 个 IGBT。图 5-26 中集成了 7 个 IGBT。

**控制过程：** $V_{cc}$ 和 GND 之间加控制电源，通常为 15V。输入端 $V_{in}$ 加低电平，ICBT 的门极（G）产生高电平，则 ICBT 的集电极（C）和发射极（E）导通。输入端 $V_{in}$ 加正电压，IGBT 的门极（G）产生低电平，则 IGBT 的集电极（C）和发射极（E）截止。IGBT 的集电极（C）和发射极（E）之间的二极管起保护作用。

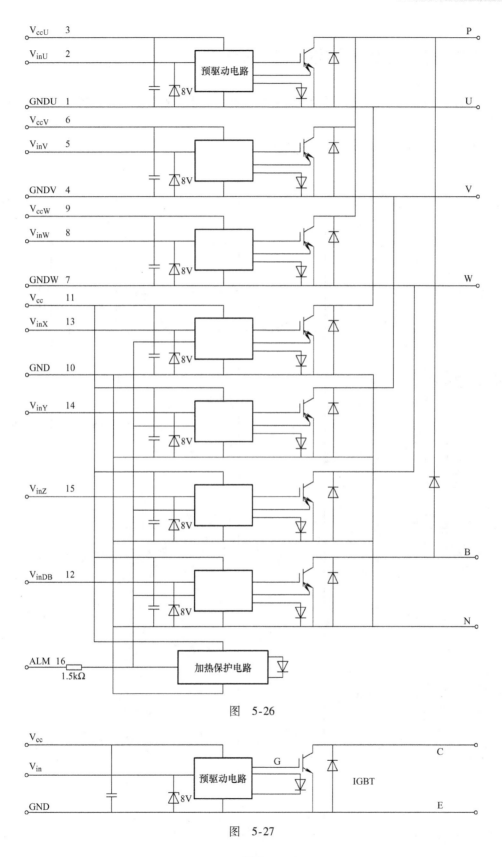

图　5-26

图　5-27

## 5.3 IPM 智能功率模块控制电路的分析

IPM 智能功率模块控制电路分为上桥臂控制回路、下桥臂控制回路、制动控制回路和报警控制回路四个部分，采用光电耦合器件（简称光耦）进行控制，如图 5-28 点画线部分所示，同时将弱电控制回路和 IPM 强电回路隔离。

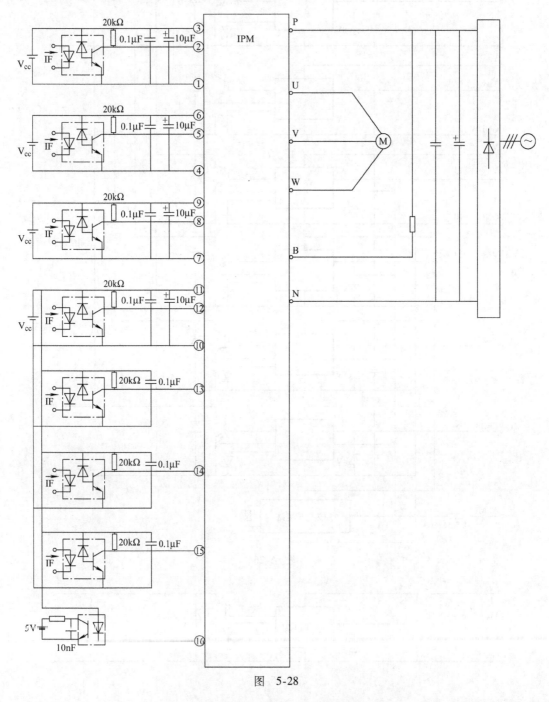

图 5-28

图 5-28 右侧为强电回路，三相交流电经整流、电容滤波后输入到 P、N 端，由 IPM 逆变为交流电后驱动电动机。电动机在减速或制动时，P、N 电压会升高，此时 B 端接通电阻，通过电阻耗能将电压降下来。

## 5.3.1 上桥臂控制回路

上桥臂控制回路如图 5-29 所示。

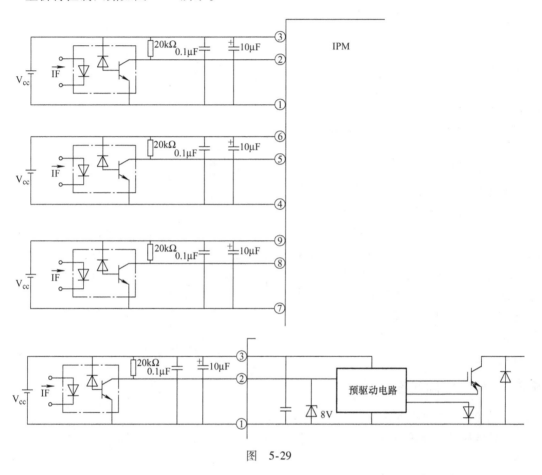

图 5-29

### 1. IPM 上桥臂工作原理

IPM 的上桥臂需要单独供电，如①、③脚，④、⑥脚，⑦、⑨脚，0.1μF 和 10μF 电容不是进行滤波，是对回路阻抗进行匹配，$V_{cc}$ 电压值为 15V。

虚线框内为光电耦合器，如 TLP759、HCPL-4504 等。

标记为 20kΩ 的电阻为上拉电阻。

### 2. 工作过程

光电耦合器没有工作时，即 IF 的值为 0。$V_{cc}$ 电压经过 20kΩ 上拉电阻分别进入②、⑤、⑧脚，通过预驱动电路（Pre-Driver）使门极 G 为低电平，此时上桥臂的 IGBT 截止。当 IF 有电流时，光电耦合器输出端导通，即光电耦合器的输出端晶体管导通，$V_{cc}$ 经过 20kΩ 和导通的晶体管集电极、发射极到达负极，此时②、⑤、⑧脚变为低电平，通过预驱动电路使门极 G 为高电平，上桥臂的 IGBT 导通。

### 5.3.2 下桥臂控制回路

下桥臂控制回路如图 5-30 所示。

**1. IPM 下桥臂工作原理**

下桥臂的 IGBT 的发射极并联到一起，处于等电位状态，所以可以统一供电，⑩、⑪脚提供电源 $V_{cc}$，$V_{cc}$ 电压值为 15V。

虚线框内为光电耦合器，如 TLP759、HCPL－4504 等。

标记为 20kΩ 的电阻为上拉电阻。

**2. 工作过程**

光电耦合器没有工作时，即 IF 的值为 0。$V_{cc}$ 电压经过 20kΩ 上拉电阻进入⑬、⑭、⑮脚，通过预驱动回路使下桥臂的 IGBT 截止。当 IF 有电流时，光电耦合器输出端导通，光电耦合器将输出端的晶体管导通，$V_{cc}$ 经过 20kΩ 和导通的晶体管集电极、发射极到达负极，⑬、⑭、⑮脚变为低电平，通过预驱动回路使下桥臂的 IGBT 导通。

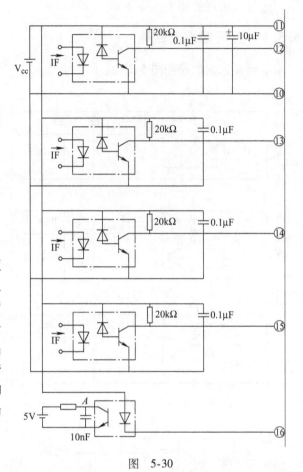

图 5-30

### 5.3.3 制动控制回路

制动控制回路如图 5-31 所示。

**制动电路工作原理**：电动机减速或紧急制动时，会产生再生能量，P、N 端电压升高，光电耦合器输入端 IF 有电流时，⑫脚为低电平，导通制动 IGBT，接入能耗制动电阻，抑制 P、N 端电压升高。

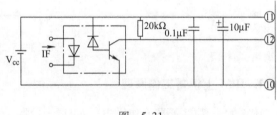

图 5-31

### 5.3.4 报警控制回路

报警控制回路如图 5-32 所示。

**报警电路工作原理**：IPM 模块温度过高或过电流时，⑯脚为低电平。发光二极管工作，A 点变为低电平，可以向系统提供一个低电平的报警信号。光电耦合器左侧并联电容，用以稳定输出侧电压。

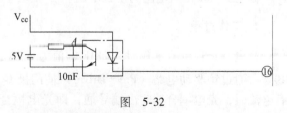

图 5-32

### 5.3.5 光电耦合器输入端的发光二极管控制电路

光电耦合器输入端的发光二极管控制电路如图5-33所示。

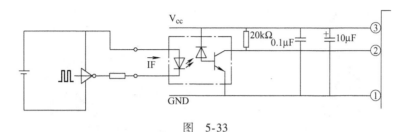

图 5-33

**工作过程：** 控制电路产生方波信号，输出方波的高电平时，光电耦合器的发光二极管截止，$IF=0$，光电耦合器输出端截止，$V_{cc}$通过$20k\Omega$的上拉电阻输入②脚，IGBT截止；控制电路输出方波的低电平时，光电耦合器的发光二极管导通，光电耦合器输出端导通，$V_{cc}$通过$20k\Omega$的上拉电阻接地，②脚接低电平，IGBT导通，这样IGBT就连续工作在开关状态。

## 5.4 IPM实际控制电路分析

IPM实际控制电路如图5-34所示。

图 5-34

### 5.4.1 IPM 光电耦合器控制回路

IPM 光电耦合器控制回路如图 5-35 和图 5-36 所示。

图　5-35

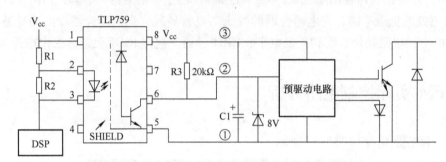

图　5-36

**工作原理**：DSP（数字信号处理）输出低电平，TLP759 输入端导通，发光二极管工作，输出端导通，⑥脚输出低电平，IPM 的②脚为低电平，预驱动电路输出高电平，IGBT 导通。DSP 输出高电平，TLP759 输入端截止，输出端截止，⑥脚通过 20kΩ 上拉电阻输出高电平，IPM 的②脚为高电平，预驱动电路输出低电平，IGBT 截止。

### 5.4.2 IPM 光电耦合器报警回路

IPM 光电耦合器报警回路如图 5-37 和图 5-38 所示。

图　5-37

光电耦合器使用 TLP621，光电耦合器左侧并联电容，用以稳定输出侧电压。

**工作原理**：IPM 过热报警时，⑯脚变为低电平，光电耦合器的输入端导通，输出端导通，图 5-38 中 A 端变为低电平，DSP 对应引脚接低电平，产生报警 SV449、SV431 "驱动器过热"。

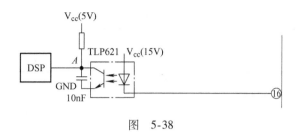

图 5-38

## 5.5 IPM 智能功率模块的检测方法

IPM 智能功率模块如图 5-39 所示。

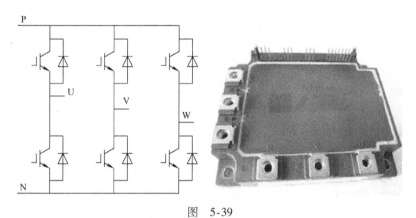

图 5-39

### 1. 检测方法一

IPM 主端子的检测方法：利用二极管的单向导电性进行检测。P 和 U、V、W，N 和 U、V、W 之间有二极管存在，所以可以使用万用表的二极管挡或电阻挡检测，如图 5-40 所示。以二极管挡为例检测的正常值见表 5-2。

图 5-40

表 5-2

| P 和 U、V、W 正向阻值（红表笔接 P，黑表笔分别接 U、V、W） | ∞（无穷大） |
|---|---|
| P 和 U、V、W 反向阻值（黑表笔接 P，红表笔分别接 U、V、W） | 200～300Ω（0.2～0.3V） |
| N 和 U、V、W 正向阻值（红表笔接 N，黑表笔分别接 U、V、W） | 200～300Ω（0.2～0.3V） |
| N 和 U、V、W 反向阻值（黑表笔接 N，红表笔分别接 U、V、W） | ∞（无穷大） |

IPM 控制端子的检测方法：使用指针万用表的 ×1K 电阻挡进行检测，如图 5-41 所示。

第一步：①脚和 U 导通，④脚和 V 导通，⑦和 W 导通，⑩脚和 N 导通。如果不通，说明模块有故障。

第二步：检测①、②、③脚，黑表笔接①脚，红表笔接②脚，阻值为 4.5kΩ 左右。黑表笔接①脚，红表笔接③，阻值为 3kΩ 左右。

第三步：检测④、⑤、⑥脚，黑表笔接④脚，红表笔接⑤脚，阻值为 4.5kΩ 左右。黑表笔接④脚，红表笔接⑥，阻值为 3kΩ 左右。

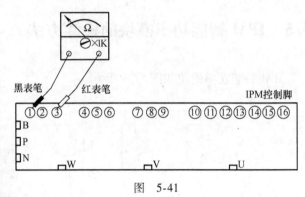

图 5-41

第四步：检测⑦、⑧、⑨脚，黑表笔接⑦脚，红表笔接⑧脚，阻值为 4.5kΩ 左右。黑表笔接⑦脚，红表笔接⑨，阻值为 3kΩ 左右。

第五步：检测⑩、⑪脚，黑表笔接⑩脚，红表笔接⑪脚，阻值为 3kΩ 左右。

第六步：检测⑩、⑬、⑭、⑮脚，黑表笔接⑩脚，红表笔依次接⑬、⑭、⑮脚，阻值均为 4.5kΩ 左右。

第七步：检测⑩、⑫脚，⑩和⑫脚不导通。

第八步：检测⑩、⑯脚，黑表笔接⑩脚，红表笔接⑯脚，阻值为 5kΩ 左右。

## 2. 检测方法二

检测方法一只能粗略检测 IPM 是否开路或击穿（短路），并不准确可靠，应该加上电源检测，如图 5-42～图 5-44 所示。

1）将稳压电源调至 15V，15V 正极接到③脚，负极接到①脚，用万用表测量 P、U 之间的电阻值是无穷大。

2）②接到 0V（将①脚电极触碰一下②脚即可），如图 5-43 所示，用万用表测量 P、U 之间的电阻值变小，小于 1kΩ，表示 IGBT 正常导通。测量符合以上值，说明上桥臂的 IGBT 工作正常。

3）用 1～10kΩ 电阻限流接到③、②脚间，目的是保护内部 8V 稳压管，此时②脚变为高电平，用万用表测量 P、U 之间的电阻值为无穷大，IGBT 截止，如图 5-44 所示。

4）用同样的方法检测④、⑤、⑥脚，⑥脚接 15V 正极，④脚接负极，此时 P、V 之间阻值无穷大。⑤、④脚相接，IGBT 导通，P、V 阻值小于 1kΩ。⑤、⑥脚之间通过 1kΩ 电阻相接，IGBT 截止，P、V 之间阻值无穷大。

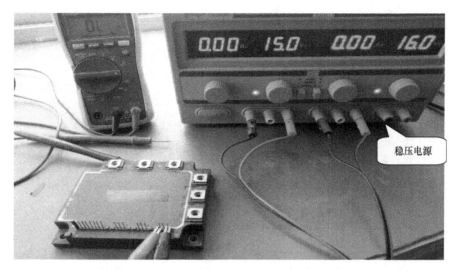

图 5-42

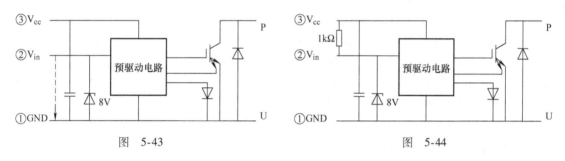

图 5-43                          图 5-44

5）用同样的方法检测⑦、⑧、⑨脚，⑨脚接15V正极，⑦脚接负极，此时P、W之间阻值无穷大。⑦、⑧脚相接，IGBT导通，P、W阻值小于1kΩ。⑧、⑨脚之间通过1kΩ电阻相接，IGBT截止，P、W之间阻值无穷大。

6）⑩脚接电源负极，⑪脚接15V电源正极，P、B之间阻值无穷大。⑫脚和⑩脚相接，IGBT导通，N、B之间阻值小于1kΩ。⑪、⑫脚之间通过1kΩ电阻相接，IGBT截止，N、B之间阻值无穷大。

7）⑩脚接电源负极，⑪脚接15V电源正极，N、U之间阻值无穷大。⑬脚和⑩脚相接，IGBT导通，N、U之间阻值小于1kΩ。⑪、⑬脚之间通过1kΩ电阻相接，IGBT截止，N、U之间阻值无穷大。

8）⑩脚接电源负极，⑪脚接15V电源正极，N、V之间阻值无穷大。⑭脚和⑩脚相接，IGBT导通，N、V之间阻值小于1kΩ。⑪、⑭脚之间通过1kΩ电阻相接，IGBT截止，N、V之间阻值无穷大。

9）⑩脚接电源负极，⑪脚接15V电源正极，N、W之间阻值无穷大。⑮脚和⑩脚相接，IGBT导通，N、W之间阻值小于1kΩ。⑪、⑮脚之间通过1kΩ电阻相接，IGBT截止，N、W之间阻值无穷大。

## 5.6 IPM 驱动光电耦合器的检测方法

IPM 驱动光电耦合器如图5-45 所示。

图 5-45

驱动光电耦合器需要外接电源才能检测，只测量阻值是不可靠的。

**1. 检测方法一**

1）⑤脚接稳压电源负极，⑧脚接 15V 稳压电源正极。

2）②、③脚加一个电流 10mA、电压 5V 的直流电源，②脚接正极，③脚接负极。也可以用指针万用表的 R×1 挡导通②、③脚，代替直流电压。指针万用表黑表笔提供正电极接②脚，红表笔提供负电极接③脚。

3）测量⑤、⑥脚电压，正常电压为 0V。

**说明：** 稳压电源设置成输出电压固定、电流限制的电源的调整方法如下。

第一步：通过电压调整旋钮，将电压调整到设定值，如 5V。

第二步：将稳压电源的两个输出端子短接，调整电流调整旋钮至限制电流值，如 0.01A，即 10mA。

这样稳压电源就设置为输出恒定电压 5V，最大电流 10mA 的电源。

**2. 检测方法二**

检测方法一并不能检测光电耦合器的动态特性，只是测量光电耦合器的导通和截止，所以并不可靠。需要在②、③脚输入高频方波信号，输出相同频率的信号。

1）稳压电源提供 15V 直流电，⑧脚接 15V 正极，⑤脚接 15V 负极，如图 5-46 所示。为方便供电，需要在光电耦合器输出侧⑤、⑧脚焊上电阻，以方便供电和检测波形，⑧脚焊上 100～200Ω 的电阻，起限流保护作用。

2）使用信号发生器在②、③脚加方波信号，选择频率 1000Hz、电压 5V，如图 5-47 和图 5-48 所示。

3）使用示波器检测⑤、⑥脚波形，输出应该是标准的方波信号，不能有畸变，如图 5-49 和图 5-50 所示。

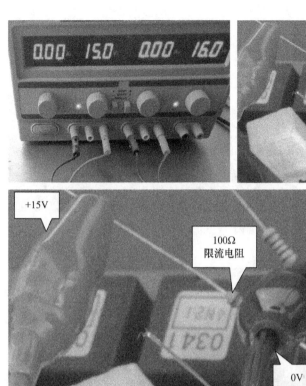

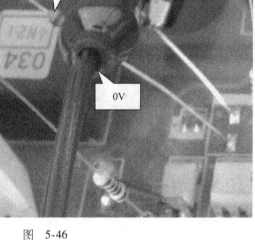

图 5-46

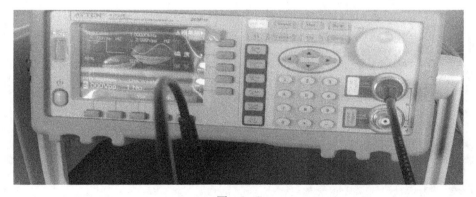

图 5-47

图 5-48

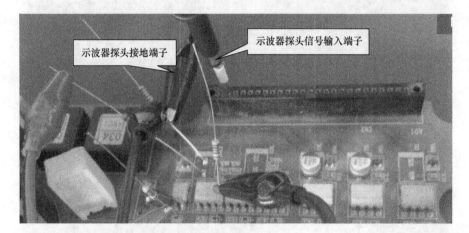

图 5-49

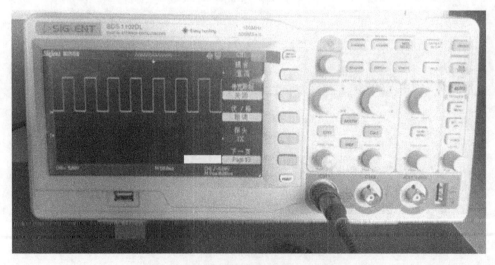

图 5-50

检测电路如图 5-51 所示。示波器检测到的波形的上升沿、下降沿要陡峭，不能有畸变。图 5-51 中 R1、R2 限制电流，对 TLP759 进行保护。

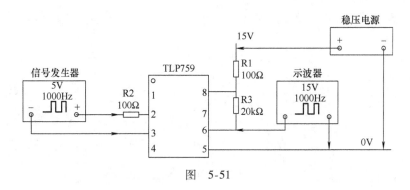

图 5-51

## 5.7 电动机电流检测控制电路分析

电动机电流检测控制电路如图 5-52 所示。

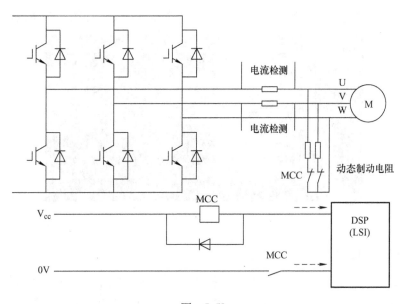

图 5-52

**工作原理**：伺服驱动器准备好后，伺服驱动器上的主控芯片（DSP）输出低电平，内部的 MCC 继电器吸合，常闭触点使制动电阻断开，伺服电动机可以正常工作，同时 MCC 的常开触点通知系统驱动器准备好，即 DRDY 信号。电动机紧急制动时，MCC 断电，接入制动电阻进行能耗制动，使电动机快速停止，如图 5-53 所示。

采样电阻在电流较小时，一般为毫欧级水泥电阻，串联在动力线电路中，测量采样电阻上的电压变化，反馈到系统中。功率较大时，采用霍尔传感器。

实际电流过大或者光电耦合器损坏时，会产生报警 SV436、SV438、SV441 "电流过大"。

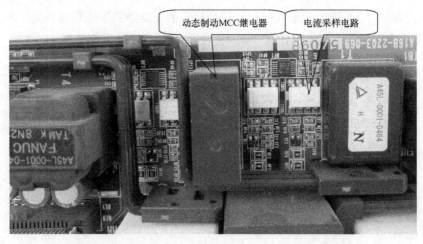

图 5-53

## 5.8 电动机电流检测电路的检测方法

电动机电流检测电路的检测元件为线性光电耦合器 A7860，如图 5-54 所示。

图 5-54

### 1. A7860 引脚说明

由图 5-55 可见，输入端 $V_{DD1}$ 和 GND1 接入 5V 电源，$V_{in+}$ 输入 ±200mV 之间的电压，$V_{in-}$ 接到 GND。输出端 $V_{DD2}$ 和 GND2 接入 5V 电源，MDAT 输出和 $V_{in+}$ 电压值相对应的频率变化的串行信号，MCLK 输出固定频率为 10MHz 的信号。引脚说明见表 5-3、表 5-4。

表 5-3

| 引　脚 | 说　明 |
| --- | --- |
| $V_{DD1}$ | 电源电压输入（4.5～5.5V） |
| $V_{in+}$ | 正极输入（推荐 ±200mV） |
| $V_{in-}$ | 负极输入（正常接到 GND1） |
| GND1 | 输入接地 |

表 5-4

| 引　脚 | 说　明 |
| --- | --- |
| $V_{DD2}$ | 电源电压输入（4.5～5.5V） |
| MCLK | 同步脉冲输出（10MHz 较典型） |
| MDAT | 串行数据输出 |
| GND2 | 输出接地 |

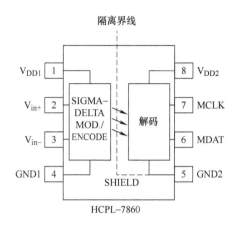

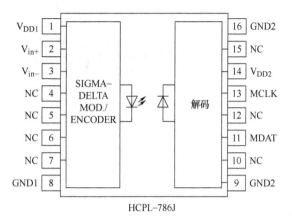

图 5-55

## 2. A7860 的检测方法

A7860 的检测方法如下:

1) 在输入输出侧加上 5V 的电源, 如图 5-56 所示。

2) 在输入端②、③脚输入 0 ~ 0.2V 的电压, 检测 MDAT 信号, 如图 5-57 和图 5-58 所示。

图 5-56

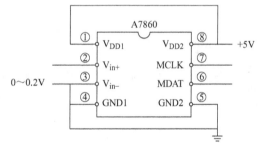

图 5-57

**检测结果:** $V_{in+}$ 输入 0V, MDAT 信号⑥脚输出频率 3.3MHz。$V_{in+}$ 输入 0.2V, MDAT 信号⑥脚输出频率 1MHz。即当输入信号变化时, 输出信号频率发生变化。输入信号电压升高, 输出信号频率降低。

3) 检测⑦脚 MCLK 信号。⑦脚输出固定频率 10MHz 的信号, 如图 5-59 所示。

A7860 的简单检测方法如图 5-60 所示, 将 1 脚、8 脚短接后, 外接 5V 电源的正极; 将 4 脚、5 脚短接后, 外接电源的负极, 给 A7860 提供工作电源。需要说明的是, A7860 正常工作时, 两边的 5V 电源是独立的。将 2、3 脚短接后, 用万用表的直流电压挡测量 6 脚对 5 脚的电压为 2.5V 左右, 7 脚对 5 脚的电压为 2.3V 左右。

更准确的测量是通过示波器测量 6 脚和 7 脚的波形。

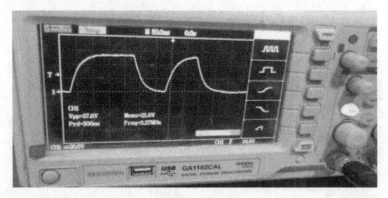

图 5-58

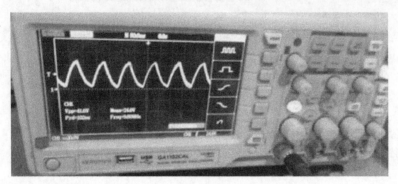

图 5-59

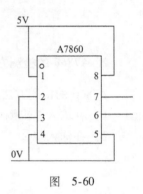

图 5-60

### 3. A7860 的电流检测电路

如图 5-61 所示，流经 U、V 相的电流通过两个并联的 $6.4m\Omega$ 的采样电阻时产生电压，

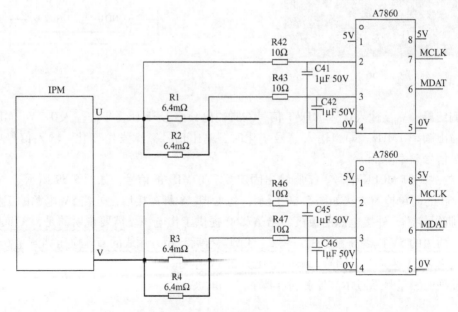

图 5-61

此采样电压输入到 A7860 的 2、3 脚，A7860 对采样电压进行隔离、转换，由 6 脚将信号输入到主控芯片的引脚中，完成对伺服电动机电流的检测。

## 5.9 开关电源的控制电路分析

开关电源的控制电路如图 5-62 和图 5-63 所示。

开关电源使用非常普遍，可以将直流电压 300V 变为 24V，也可以将 24V 变为 15V、5V、3.3V 等不同电压。直流 300V 由单相交流电 200V 通过整流桥整流后滤波产生。

**工作原理：** 开关管 VT 导通，开关变压器一次绕组 N1 储存电能。开关管 VT 截止时，二次绕组 N2 的二极管 VD2 整流输出直流电，再由 C2 滤波产生稳定的直流电。原边线圈并联的 R1、C1、VD1 组成尖峰吸收回路。开关管截止瞬间，产生的尖峰电压和电流经过 VD1 将电能储存到电容 C1 上，然后由 R1 消耗。$V_i$ 信号由伺服驱动器上的主控芯片（DSP 芯片）或 PWM 振荡芯片产生，PWM 振荡芯片最典型的产品有 UC3844 或 UC3842 系列及 TL1451、

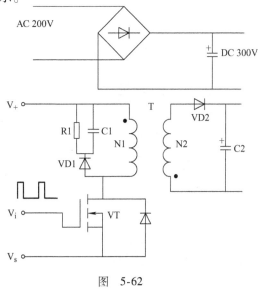

图 5-62

HA16108FP 等。开关变压器常用型号为 A45L-0001-0464，整流二极管常用并联二极管 A3，滤波电容为 25V、1μF 电解电容。伺服驱动器上的主控芯片（DSP 芯片）是大规模集成电路（LSI），需要给它提供电源和晶振信号才能正常工作。

在开关电源回路中，经常使用开关变压器 A45L-0001-0464，如图 5-64 所示。

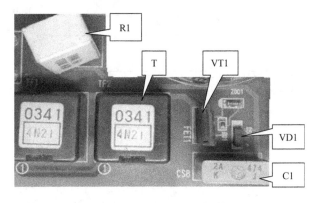

图 5-63

图 5-64

采用开关变压器 A45L-0001-0464 的电路如图 5-65 所示，由 PWM 脉宽调制控制振荡芯片 HA16108FP 的 2 脚输出 PWM 脉宽调制信号。开关变压器 A45L-0001-0464 的二次绕组整流滤波输出直流 15V 电源。图 5-66 所示的电路由主控芯片输出 PWM 脉宽调制信号。

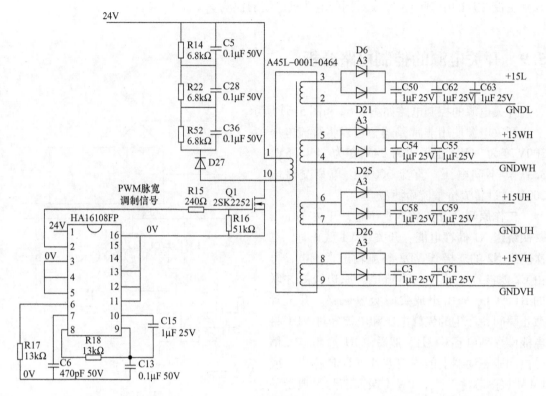

图　5-65

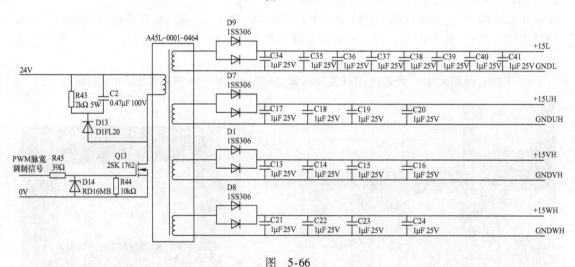

图　5-66

　　+15L 给 IPM 的下桥臂提供驱动电源，+15UH 给 IPM 的 U 相提供驱动电源，+15VH 给 IPM 的 V 相提供驱动电源，+15WH 给 IPM 的 W 相提供驱动电源。

　　以下对内部封装 6 个 IGBT 的 IPM 驱动回路进行分析。

　　内部 6 个 IGBT 的 IPM 控制端子为 15 个：

　　1：U 相上桥臂（P‐side）控制电源负端。

2：U 相上桥臂（P‐side）控制信号输入端。

3：U 相上桥臂（P‐side）控制电源正端，与 1 之间的电压通常为直流 15V。

4：V 相上桥臂（P‐side）控制电源负端。

5：V 相上桥臂（P‐side）控制信号输入端。

6：V 相上桥臂（P‐side）控制电源正端，与 4 之间的电压通常为直流 15V。

7：W 相上桥臂（P‐side）控制电源负端。

8：W 相上桥臂（P‐side）控制信号输入端。

9：W 相上桥臂（P‐side）控制电源正端，与 7 之间的电压通常为直流 15V。

10：下桥臂（N‐side）共用的控制电源负端。

11：下桥臂（N‐side）共用的控制电源正端，与 10 之间的电压通常为直流 15V。

12：U 相下桥臂（N‐side）控制信号输入端。

13：V 相下桥臂（N‐side）控制信号输入端。

14：W 相下桥臂（N‐side）控制信号输入端。

15：保护电路动作时报警输出端，过热、过电流时输出低电平。

开关电源的 +15UH、GNDUH 分别输入到 IPM 的 3、1 脚，作为工作电源，U 相的驱动电路如图 5-67 所示。U 相上桥臂信号通过反相器 A1601 的 7 脚输入，从 10 脚反相输出，再输入到光电耦合器件 A4504 的 2、3 脚，A4504 的 6 脚输出驱动信号，驱动信号输入到 IPM 的 2 脚，使 U 相上桥臂的 IGBT 工作。2、1 脚连接有稳压值为 8V 的稳压二极管。IPM 的 2 脚电压为 0V 时，IGBT 导通；IPM 的 2 脚电压为 8V 时，IGBT 截止。

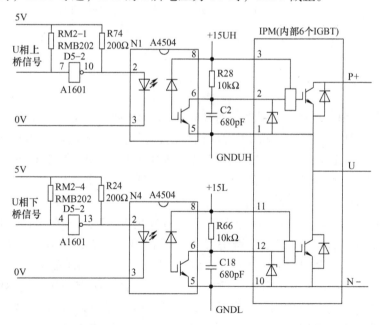

图　5-67

开关电源的 +15L、GNDL 分别输入到 IPM 的 11、10 脚，作为工作电源。U 相下桥臂信号通过反相器 A1601 的 4 输入，从 13 脚反相输出，再输入到光电耦合器件 A4504 的 2、3 脚，A4504 的 6 脚输出驱动信号，驱动信号输入到 IPM 的 12 脚，使 U 相下桥臂的 IGBT 工作。12、10 脚连接有稳压值为 8V 的稳压二极管。IPM 的 12 脚电压为 0V 时，IGBT 导通；IPM 的 12 脚电压为 8V 时，IGBT 截止。

　　开关电源的 +15VH、GNDVH 分别输入到 IPM 的 6、4 脚，作为工作电源，V 相的驱动电路如图 5-68 所示。V 相上桥臂信号通过反相器 A1601 的 3 输入，从 14 脚反相输出，再输入到光电耦合器件 A4504 的 2、3 脚，A4504 的 6 脚输出驱动信号，驱动信号输入到 IPM 的 5 脚，使 V 相上桥臂的 IGBT 工作。5、4 脚连接有稳压值为 8V 的稳压二极管。IPM 的 5 脚电压为 0V 时，IGBT 导通；IPM 的 5 脚电压为 8V 时，IGBT 截止。

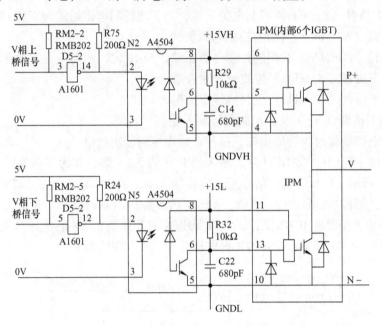

图　5-68

　　开关电源的 +15L、GNDL 分别输入到 IPM 的 11、10 脚，作为工作电源。V 相下桥臂信号通过反相器 A1601 的 5 输入，从 12 脚反相输出，再输入到光电耦合器件 A4504 的 2、3 脚，A4504 的 6 脚输出驱动信号，驱动信号输入到 IPM 的 13 脚，使 V 相下桥臂的 IGBT 工作。13、10 脚连接有稳压值为 8V 的稳压二极管。IPM 的 13 脚电压为 0V 时，IGBT 导通；IPM 的 13 脚电压为 8V 时，IGBT 截止。

　　开关电源的 +15WH、GNDWH 分别输入到 IPM 的 9、7 脚，作为工作电源，W 相的驱动电路如图 5-69 所示。W 相上桥臂信号通过反相器 A1601 的 2 输入，从 15 脚反相输出，再输入到光电耦合器件 A4504 的 2、3 脚，A4504 的 6 脚输出驱动信号，驱动信号输入到 IPM 的 8 脚，使 W 相上桥臂的 IGBT 工作。8、7 脚连接有稳压值为 8V 的稳压二极管。IPM 的 8 脚电压为 0V 时，IGBT 导通；IPM 的 8 脚电压为 8V 时，IGBT 截止。

　　开关电源的 +15L、GNDL 分别输入到 IPM 的 11、10 脚，作为工作电源。W 相下桥臂信号通过反相器 A1601 的 6 输入，从 11 脚反相输出，再输入到光电耦合器件 A4504 的 2、3 脚，A4504 的 6 脚输出驱动信号，驱动信号输入到 IPM 的 14 脚，使 W 相下桥臂的 IGBT 工作。14、10 脚连接有稳压值为 8V 的稳压二极管。IPM 的 14 脚电压为 0V 时，IGBT 导通；IPM 的 14 脚电压为 8V 时，IGBT 截止。

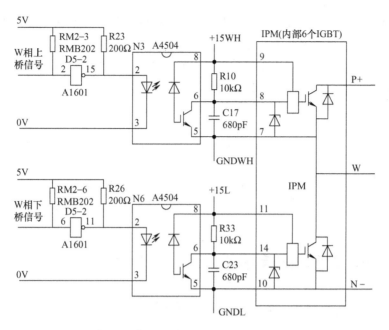

图　5-69

如图 5-70 所示，开关电源的 + 15L、GNDL 分别输入到 IPM 的 11、10 脚，作为工作电源。IPM 出现过热、过电流报警时，15 脚输出低电平信号，光电耦合器件 TLP621 的 1 脚变为低电平，信号输入到驱动器的主控芯片，产生 IPM 报警信号。

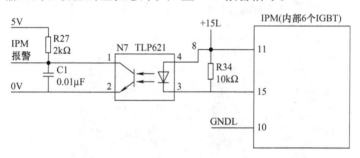

图　5-70

# 5.10　开关管的检测

开关管通常使用场效应晶体管，如 2SK1348、2SK2252 等。引脚排列自左向右依次为 G（栅极）、D（漏极）、S（源极），如图 5-71 所示。

栅极 G 和漏极 D、栅极 G 和源极 S 之间都是绝缘的，阻值为无穷大。D、S 之间并联反向保护二极管，所以 D、S 之间有正反向阻值。

检测步骤如下：

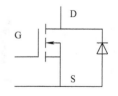

图　5-71

1）使用数字万用表的二极管档位检测 D、S 之间的阻值。当红表笔接 D 极、黑表笔接 S 极时，应为∞；当红表笔接 S 极、黑表笔接 D 极时，应为 0.3V 左右。

2）使用数字万用表的二极管挡位检测栅极 G 和 D、S 之间的阻值，其正反向均为∞。

3）当使用数字万用表的二极管挡位时，红表笔接 G 极，黑表笔接 S 极。由于红表笔接万用表内部电池正极，黑表笔接万用表内部电池负极，给 G、S 极间充电，所以会导致 D、S 间导通。此时测 D、S 正反向阻值，不再是正反向阻值不同，而是一个固定值。

4）用手指接触 G、S，使其储存的电荷放电，开关管关断，再次测量 D、S 之间阻值，又具有正反向阻值。

**注意：** 一定按照上述顺序测量，防止 G、S 充电，使 D、S 间导通，D、S 不再具有正反向特性，产生误判断。

## 5.11　伺服驱动器的组成和检测

伺服驱动装置由电源模块、主轴驱动器和伺服驱动器等组成。

模块之间有跨接电缆 CX2A→CX2B，如图 5-72 和图 5-73 所示。引脚说明见表 5-5。

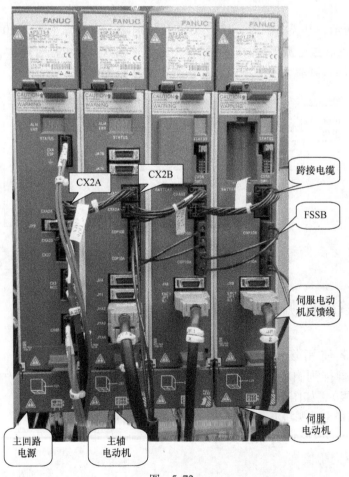

图　5-72

| CX2A | | | CX2B | |
|---|---|---|---|---|
| B4(XMIFA) | A4(*ESP) | | B4(XMIFA) | A4(*ESP) |
| B3(BATL) | A3(MIFA) | ⟹ | B3(BATL) | A3(MIFA) |
| B2(0V) | A2(0V) | | B2(0V) | A2(0V) |
| B1(24V) | A1(24V) | | B1(24V) | A1(24V) |

图 5-73

表 5-5

| 引脚 | | 说明 |
|---|---|---|
| CX2A（24V、0V）<br>24V 输出 | CX2B（24V、0V）<br>24V 输入 | 电源回路 |
| CX2A（MIFA、XMIFA） | CX2B（MIFA、XMIFA） | 模块之间通信 |
| CX2A（BATL） | CX2B（BATL） | 外置电池盒绝对编码器电池 6V |
| CX2A（*ESP） | CX2B（*ESP） | 急停控制回路 |

跨接电缆将 24V 电源送至主轴模块、伺服模块后，模块得电后开始启动，在 * ESP 急停信号正常，且各模块自检正常后，主板通过 MIFA、XMIFA 将 MCON（主接触器吸合）发送到电源模块，主接触器 MCC 线圈得电。

三相交流主电源输入到电源模块，整流成直流 300V，主轴模块、伺服模块再将直流 300V 逆变成交流电，驱动电动机旋转。

伺服电动机的反馈线接到驱动器的 JF 接口，主轴电动机的反馈线接到 JYA2，主轴上的 $\alpha_i$ 位置编码器输出的方波信号（数字信号）或接近开关接至 JYA3，主轴上的 $\alpha_{is}$ 位置编码器、外置 Bzi/Czi 传感器输出的正弦波信号（模拟量信号）接至 JYA4。

伺服驱动器由功率底板、接口板、控制侧板 3 个部分组成，如图 5-74 所示。

功率底板　　　　　　接口板　　控制侧板

图 5-74

137

伺服驱动器常见报警见表5-6。

表 5-6

| 报 警 号 | 电源模块 | 伺服模块 | 报 警 内 容 |
|---|---|---|---|
| 431 | 3 | | 电源单元温度升高 |
| 437 | 1 | | 电源单元输入过电流 |
| 442 | 5 | | 电源单元充电异常 |
| 433 | 4 | | 电源单元直流侧低压 |
| 439 | 7 | | 电源单元直流侧高压 |
| 435 | | 5 | 伺服单元直流侧低压 |
| 600 | | 8.9.A | 伺服单元直流侧过电流 |
| 602 | | 6 | 伺服单元过热 |
| 449 | | 8.9.A | IPM 报警 |
| 603 | | 8.9.A | IPM 过热报警 |
| 438 | | b, c, d | 电动机电流异常 |

电路原理图及对应报警如图5-75和图5-76所示（相关位置有对应报警号）。

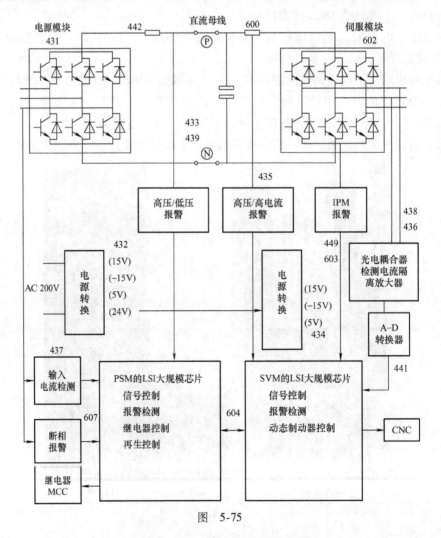

图 5-75

138

SV436、438、441 是和电流相关的报警，主要与光电耦合器 A7860 损坏相关，具体见 A7860 检测。

SV436 报警：数字伺服软件检测到软件过热（OVC）。

报警含义：电动机在当前的负荷状态下长期工作，将会过热、过负荷，为预警性过热、过载警示。

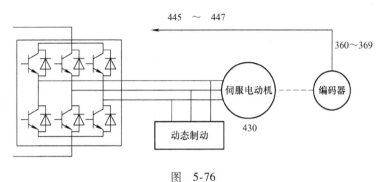

图 5-76

出现 436 报警时，应检查电动机的机械负荷，如重力轴制动器回路是否正常、电动机与丝杠联轴器的连接是否同轴等。此外还要检查电动机的绝缘状况。

伺服报警含义见表 5-7。

表 5-7

| 报警号 | PSM | SVM | 报警内容 |
|---|---|---|---|
| 431 | 3 | | PSM：发生过热。β 系列 SVU：发生过热 |
| 432 | 6 | | PSM、PSMR：24V 控制电压降低 |
| 433 | 4 | | PSM、PSMR：DC Link 直流母线电压低 |
| 434 | | 2 | SVM：24V 控制电源低电压 |
| 435 | | 5 | SVM：DC Link 直流母线电压降低 |
| 436 | | | 数字伺服软件检测到软件过热（OVC） |
| 437 | 1 | | PSM：输入电路过电流 |
| 438 | | b、c、d | L、M、N 轴：电动机电流过大 |
| 439 | 7 | | PSM、PSMR：DC Link 电压过高 |
| 440 | H | | PSMR、α 系列 SVU：再生放电总量过大 |
| 441 | | | 数字伺服软件检测到电动机电流检测回路异常 |
| 442 | 5 | | PSM、PSMR：DC Link 的备用放电回路异常 |
| 443 | 2 | | PSM、PSMR、β 系列 SVU：内部风扇不转 |
| 444 | | 1 | SVM：内部冷却风扇不转 |
| 445 | | | 数字伺服软件检测到某脉冲编码器断线 |
| 446 | | | 硬件检测到内置脉冲编码器断线 |
| 447 | | | 硬件检测到分离型检测器（如光栅尺、独立编码器等）断线 |
| 448 | | | 内置脉冲编码器的反馈数据符号与分离型检测器的反馈数据符号不同 |
| 449 | | 8.、9.、A. | L、M、N 轴放大器 IPM 报警 |
| 453 | | | α 脉冲编码器软断线 |
| 600 | | 8、9、A | L、M、N 轴放大器 DC Link 电流过大 |
| 601 | | F | 冷却风扇不转 |
| 602 | | 6 | 放大器过热 |

（续）

| 报警号 | PSM | SVM | 报 警 内 容 |
|---|---|---|---|
| 603 | | 8 | L轴放大器IPM过热报警（OH） |
| | | 9 | M轴放大器IPM过热报警（OH） |
| | | A | N轴放大器IPM过热报警（OH） |
| 604 | | P | PSM和SVM之间传输通信失败 |
| 605 | 8 | | PSMR：再生电源过大 |
| 606 | A | | PSM、PSMR：外部散热器冷却风扇不转 |
| 607 | E | | 输入电源断相 |

## 5.12 伺服电动机的组成和检测

伺服电动机通过欧式联轴器带动编码器旋转，如图5-77和图5-78所示。电动机轴尾部的欧式联轴器接头的位置非常重要，它决定了定子电场与转子磁场的空间位置是否垂直，因此维修电动机时，必须保证此位置不变，否则电动机不能正常运转。伺服电动机的动力线有相序要求，驱动器上的U、V、W端子分别接电动机动力线接头A、B、C，即U－A，V－B，W－C。编码器不耐振动，编码盘为玻璃材质易碎。

FANUC编码器的轴上有欧式联轴器接头，可以直接与欧式联轴器连接，没有方向要求。

图　5-77

图　5-78

### 1. 电动机绝缘电阻的测量

使用绝缘电阻表（DC 500V）测量绕组和机壳之间的绝缘电阻，具体见表5-8。

表　5-8

| 绝缘电阻值/MΩ | 电动机绝缘电阻的测定 |
| --- | --- |
| >100 | 良好 |
| >10～100 | 老化开始，虽不会造成性能上的损失，但要定期检查 |
| >1～10 | 老化加剧，应定期检查 |
| ≤1 | 不良，需更换电动机 |

### 2. 电动机绕组电阻的测量

1）用万用表电阻挡测电动机的三相绕组，阻值要相同。

2）用钳形电流表检测三相电流要一致，三相电流要均衡。

3）用图5-79所示的电桥测量仪测量匝间短路，电桥测量阻值精度可以到0.01Ω，甚至更高。当电动机出现匝间短路时，三相阻值会有差别，电动机三相绕组阻值不平衡度不超过±1%。

图　5-79

### 3. 编码器反馈接口

编码器反馈接口如图5-80所示。

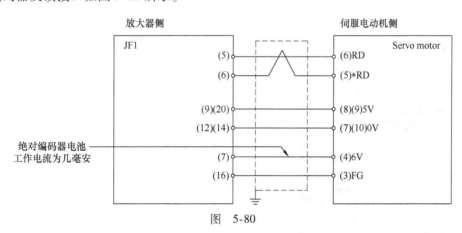

图　5-80

图5-80中接口含义如下：

1）RD、*RD：编码器的检测信号。

2）5V、0V：编码器的电源，要求5（1±5%）V，即4.75～5.25V，注意不能短路。

3）6V：绝对编码器的供电电压，低于4.5V报警。

4）屏蔽线要良好。

绝对编码器电池提供6V电源，正常的供电电流只有几毫安。如果供电电流达到几十毫安，绝对编码器电池将工作不耐久。首先检查电缆是否出现破损，若出现破损，对电缆进行维修和更换。其次对编码器进行检修和更换。

编码器反馈信号 RD、＊RD 经过差分总线收发器 BC176 处理后送入主控芯片中。其中 6、7 脚为差分信号输入、输出端；1 脚为信号输出端，将 RD、＊RD 处理后的信号发送到主控芯片的输入信号 NSD；2 脚为接收使能端，低电平有效；4 脚为信号发送端，连接主控芯片的输出信号 REQ；3 脚为发送使能端，高电平有效，2、3 脚由主控芯片发出的 SPEN 信号控制；8、5 为差分总线收发器 BC176 的 5V 电源脚，如图 5-81 所示。

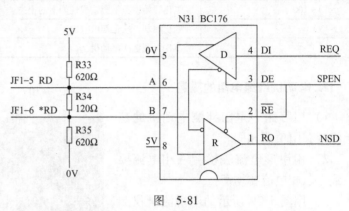

图 5-81

编码器回路出现故障时，会产生报警号为 300～387 的报警。

**4. 电动机抱闸接口**

电动机抱闸接口如图 5-82 所示，抱闸又称制动器。

抱闸制动回路如图 5-83 所示。给抱闸制动线圈提供 24V 直流电源后，抱闸制动打开，电动机可以旋转。αi 系列电动机的抱闸制动线圈的阻值为 26Ω 左右，线圈工作电压为直流 24V。α 系列电动机的抱闸制动线圈的阻值为 230Ω 左右，线圈工作电压为直流 90V。

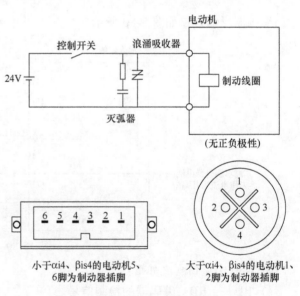

图 5-82

小于αi4、βis4的电动机5、6脚为制动器插脚

大于αi4、βis4的电动机1、2脚为制动器插脚

图 5-83

重力轴的电动机都带有制动器，在按下急停或伺服报警时，由于制动器动作时间的延长会产生下落，可通过参数调整来避免。将参数 2005#6 设为 1，2083 设定延时时间，一般设定为 200ms 左右，具休要根据机械重力进行调整。

如果机床使用了很长时间后，在按下急停或伺服报警时，重力轴产生下落，此时应更换电动机的制动器。

## 5.13　主轴驱动器的组成和检测

主轴电动机尾端有冷却风扇，采用三相200V（高压型380V）电源单独供电。主轴电动机内装传感器 Mzi/Mz 带有一转信号，内装传感器 M/Mi 没有一转信号，内装传感器信号反馈到接口 JYA2，如图5-84所示。除电动机内装传感器外，主轴上可以安装接近开关提供一转信号，信号反馈到接口 JYA3，如图5-85所示。$\alpha_i$ 主轴独立编码器输出方波信号，也称为数字信号，信号反馈到接口 JYA3，如图5-86所示。$\alpha_{is}$ 主轴独立编码器输出正弦波信号，也称为模拟信号，信号反馈到接口 JYA4。外置的 Bzi/Czi 传感器输出也是正弦波信号，同样信号反馈到 JYA4 接口。

图　5-84　　　　　　　　　　　　　　　　　图　5-85

主轴驱动器由主轴驱动器功率板（图5-87）和主轴驱动器控制板（图5-88）组成。

图　5-86　　　　　　　　图　5-87　　　　　　　　图　5-88

主轴模块原理图及对应报警如图 5-89 所示（图中带圆圈的数字为相关位置对应的报警号）。

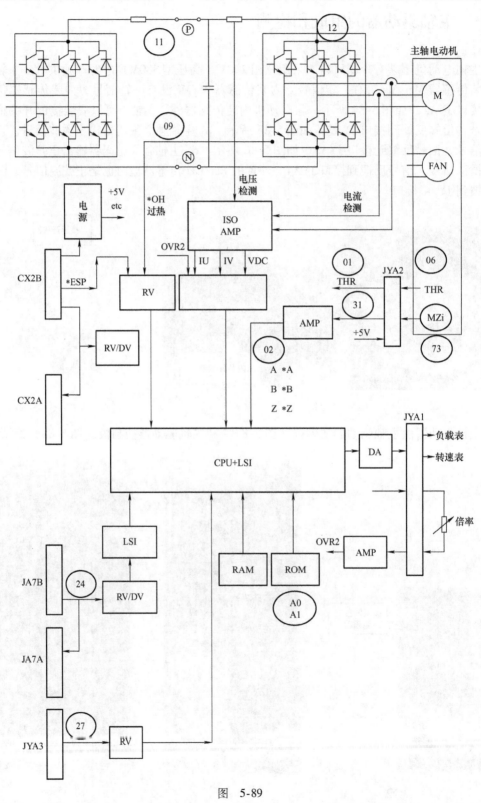

图 5-89

主轴驱动器报警号内容见表5-9。

表　5-9

| 报警号 | 信　息 | 放大器显示 | 内　容 | 故障位置和处理办法 |
|---|---|---|---|---|
| 750 | SPINDLE　SERIAL Link ERROR | A0 A | 程序没有正常启动 ROM 序列错误或 SPM 控制电路板硬件异常 | ① 更换 SPM 控制板上的 ROM ② 更换 SPM 控制电路板 |
| 749 | S－SPINDLE LSI ERROR | A1 | SPM 控制电路板上的 CPU 外围电路故障 | 更换 SPM 控制电路板 |
| SP9001 | SSPA：01 电动机过热 | 01 | 电动机内部温度超过指定的温度超过额定值连续使用或者冷却元件异常 | ① 检查并修改周围温度和负载情况 ② 如果冷却风扇停转就要更换 |
| SP9002 | SSPA：02 速度偏差太大 | 02 | 电动机的速度不能追随指定速度 电动机负载转矩过大 参数（No. 4082）加/减速中时间值不足 | ① 通过检查并修改切削条件来降低负载 ② 修改参数（No. 4082） |
| SP9006 | 热继电器断线 | 06 | 电动机的温度传感器断线 | ① 检查并修改参数 ② 更换反馈电缆 |
| SP9009 | SSPA：09 主电路过热 | 09 | 功率半导体冷却用散热器的温度异常上升 | ① 改进降温装置的冷却情况 ② 外部散热器冷却用风扇停止时，更换主轴放大器 |
| SP9011 | SSPA：11 DC Link 过电压 | 11 | 共同电源上检测出 DC Link 部的过电压（共同电源报警显示 7） 共同电源选定错误（超过共同电源的最大输出规格） | ① 确认共同电源的选定 ② 检查输入电源电压和电动机减速时的电源电压变动，在超过（200V 系列）AC 253V、（400V 系列）AC 530V 时，改进电源阻抗 |
| SP9012 | SSPA：12 DC Link 电路过电流 | 12 | 电动机电流过大 电动机固有参数与电动机型号不同 电动机绝缘不良 | ① 检查电动机的绝缘状态 ② 检查主轴参数 ③ 更换主轴放大器 |
| SP9024 | SSPA：24 串行传送错误 | 24 | 检测出 CNC 电流断开（通常的断开或者电缆断线） CNC 的通信数据中检测出异常 | ① CNC 主轴间电缆远离电力线 ② 更换电缆 |
| SP9027 | SSPA：27 位置编码器断线 | 27 | 主轴位置编码器（插接器 JYA3）的信号异常 | 更换电缆 |
| SP9031 | SSPA：31 电动机锁住或检测器断线 | 31 | 电动机不能在指定的速度下旋转（对于旋转指令，持续 SST 水准之下的状态） | ① 检查并修改负载状态 ② 更换电动机传感器电缆（JYA2） |
| SP9073 | 电动机传感器断线 | 73 | 电动机传感器的反馈信号断线（插接器 JYA2） | ① 更换反馈电缆 ② 检查屏蔽处理 ③ 检查并修改连接 ④ 调节传感器 |

**1. 电动机绝缘电阻的测量**

主轴驱动电动机绝缘电阻的测量方法和对测量值的分析同5.12节第1项。

**2. 电动机绕组电阻的测量**

主轴驱动电动机绕组电阻的测量和对测量值分析同5.12节的第2项。

**3. 磁传感器反馈接口**（图5-90）

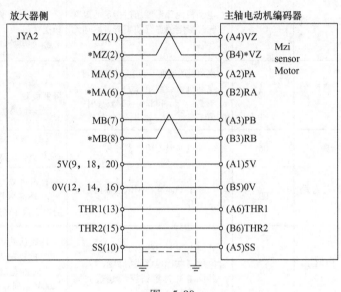

图 5-90

（1）磁传感器间隙调整（图5-91）　由于器件以及现场条件差异，磁传感器使用较长时间后，电气特性会有所改变，如外界强磁场、强电场的干扰导致磁传感器参数降低。此时需要适当调整磁传感器与测速齿轮的间隙，可以减小它们之间的间隙。标准间隙量应该在0.5mm左右，但是如果磁开关参数降低，可减少安装距离。松开M4×20mm螺钉，调整间隙，直到主轴放大器能够正常接收到速度反馈信号。可以使用柔软的纸币调整安装距离。也可以使用塞尺安装，但必须保证磁传感器表面不被划伤。

（2）齿盘圆跳动检测（图5-92）　齿盘圆跳动正常范围为0.01~0.02mm以下。如果齿盘圆跳动太大，导致齿面与传感器之间的间隙波动太大，就无法有效调整和固定磁传感器位置，会引发速度误差报警。

**4. JYA3 接近开关反馈接口**（图5-93～图5-96）

在三线接近开关中，一般棕色线为电源线（24V）、蓝色线为地线（0V）、黑色线为信号线。PNP接近开关感应到信号后，信号线输出高电平（24V）。NPN接近开关感应到信号后，信号线输出低电平（0V）。

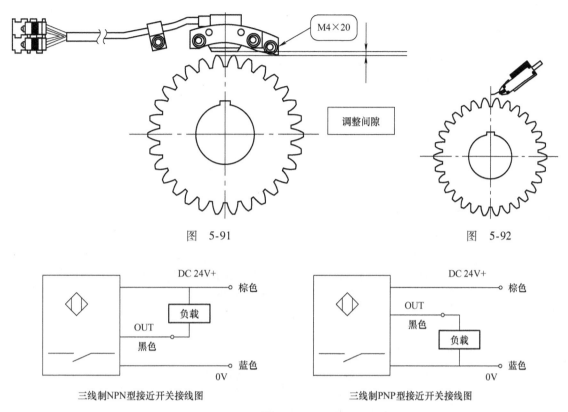

图　5-91　　　　　　　　　　　　　　　　　图　5-92

三线制NPN型接近开关接线图　　　　　　　　三线制PNP型接近开关接线图

图　5-93

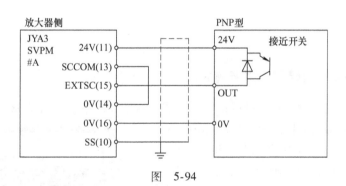

图　5-94

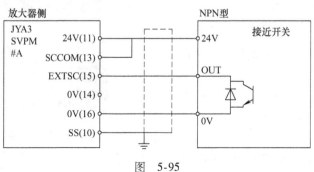

图　5-95

147

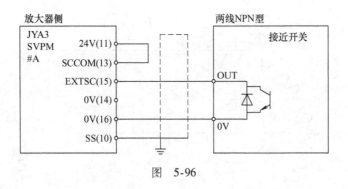

图 5-96

### 5. JYA4 反馈接口（图5-97）

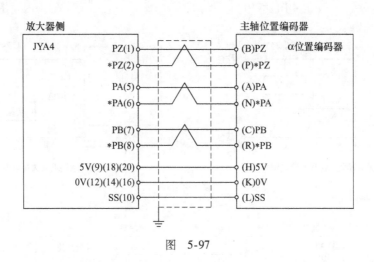

图 5-97

### 6. 主轴电动机电流检测电路的检测方法

主轴电动机电流通过传感器进行检测，传感器有不同规格，如图5-98所示。

直流母线及主轴电动机的电流检测如图5-99所示，通过感应对直流母线和主轴电动机U、V相的电流值进行检测，12、19、20为主轴模块上显示的报警号。传感器为三端器件，自右向左分别为电源VCC、0V、输出端VO。对传感器进行检测时，给传感器电源VCC提供5V直流电，输出端VO输出电压值2.5V。VO的值大于2.6V或小于2.4V时，传感器出现故障。

主轴出现报警9012时，提示直流母线电流过大。首先检测主轴电动机绕组，电动机绕组的绝缘阻值须大于10MΩ以上。其次检测IGBT模块是否出现短路。如果电动机和IGBT模块都完好，此时

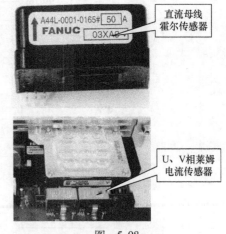

图 5-98

148

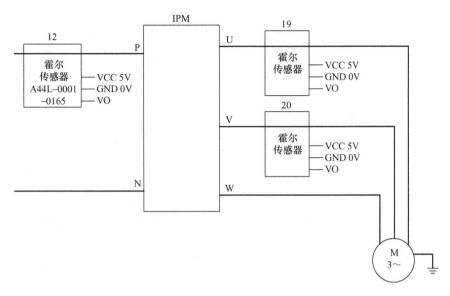

图 5-99

需要对传感器 A44L－0001－0165 进行更换。

电动机 U 相电流过大，报警号为 9019；电动机 V 相电流过大，报警号为 9020。出现故障时，可以更换对应的传感器。

## 5.14 401 报警详解

401 报警图如图 5-100 和图 5-101 所示。具体说明如下。

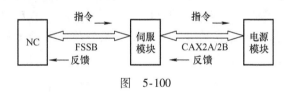

图 5-100

HRDY：系统监控程序启动。

MCON：NC 上电后发出请求伺服准备信号。

MCOFF：伺服通信正常后，发出请求电源单元准备信号。

ESP：急停信号。

MCCOFF：电源单元准备好后，发出吸合 MCC 触点的信号。

CRDY：MCC 吸合后主回路上电，整流出直流 300V，电源单元发出 CRDY 信号。

DRDY：伺服发送给 NC 的准备好信号。

SRDY：NC 发给 PMC 的伺服准备好信号。

时序分析：

① 急停按钮闭合后，电源模块的 CX4 的②、③脚闭合，返回 ESP 急停信号。

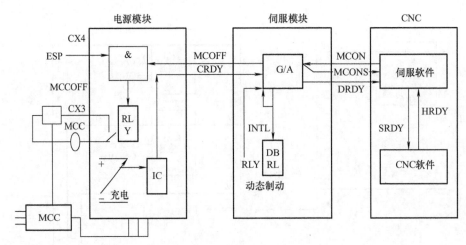

图 5-101

② CNC 发出 MCON 信号，请求伺服模块准备工作。

③ 伺服模块向电源模块发出 MCOFF 信号，请求电源模块工作。

④ 电源模块准备好后发出 MCCOFF 信号，主接触器 MCC 吸合，三相交流电输入，整流后产生直流 300V。

⑤ 电源模块直流 300V 正常后，发出 CRDY 信号，表示直流母线电压正常。

⑥ 伺服模块中的动态制动继电器得电吸合，伺服模块发出 DRDY 信号，表示伺服驱动器准备好。

⑦ CNC 发给 PMC 的伺服准备好信号 SRDY，对应 PMC 接口信号 SA（F0.6），表示驱动器准备好，此时应该给电动机抱闸线圈供电，电动机可以运行。

ALM401 伺服 V – READY  OFF（未准备好，如图 5-102 所示）处理步骤如下：

1）如果有其他报警和 ALM401 同时出现，先处理其他报警，ALM401 可能是伴随报警。

2）单独的 SV401 报警出现，观察诊断号 358，正常情况下第 5 ~ 14 位全为 1。

将诊断号 358 的十进制转化成二进制，自 #5（第五位）开始出现为 0 的最低位即是报警的原因，#0 ~ #4 无关。

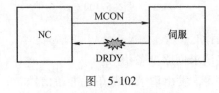

图 5-102

FANUC 系统诊断号 358 可以诊断出 ALM401 产生的原因。

**诊断号 358**：ALM401 报警的各轴相关信息，显示为十进制数。诊断号 358 详情如下：

| #15 | #14 | #13 | #12 | #11 | #10 | #9 | #8 |
| --- | --- | --- | --- | --- | --- | --- | --- |
| | SRDY | DRDY | INTL | RLY | CRDY | MCOFF | MCONA |
| #7 | #6 | #5 | #4 | #3 | #2 | #1 | #0 |
| MCONS | * ESP | HRDY | | | | | |

#5（HRDY）：系统监控程序启动。

#6（∗ESP）：急停信号。

#7，#8，#9：MCON 信号（NC→伺服模块→电源模块）。

#7（MCONS）：NC 上电后发出请求伺服准备信号。

#8（MCONA）：伺服通信正常后，发出请求电源单元准备信号。

#9（MCOFF）：电源单元准备好后，发出吸合 MCC 触点的信号。

#10（CRDY）：电源模块准备就绪信号。

#11（RLY）：继电器信号（DB 继电器驱动，DB：动态制动）。

#12（INTL）：联锁信号（DB 继电器解除状态，DB：动态制动）。

#13（DRDY）：伺服模块准备就绪信号。

#14（SRDY）：伺服模块准备好（CNC 给 PMC 的接口信号 SA F0.6）。

**例 5-1**  ALM401 伺服 V-READY  OFF（未准备好）。

**诊断号 358 的值**：X993，Y993，Z993。

993 的二进制为 0000001111100001，自第五位开始观察是 0 的位，本例#10（第十位）为 0。

#10（CRDY）：MCC 吸合后主回路上电，整流出直流 300V，电源单元发出 CRDY 信号。本例产生报警的原因是电源单元没有整流出直流 300V。

**例 5-2**  ALM401 伺服 V-READY  OFF（未准备好）。

**诊断号 358 的值**：X417，Y417，Z417。

417 的二进制为 0000000110100001，自第五位开始观察是 0 的位，本例#6（第六位）为 0。

#6（∗ESP）：急停信号。

本例产生报警的原因是 ∗ESP 急停信号没有接通，即电源模块 CX4 的②、③脚没有导通。

急停接口 CX4 的连接如图 5-103 所示，CX4 的 3 脚输出 24V 电源，经过急停开关连接到 2 脚，CX4 的 2 脚与 CXA2A 的 A4 的 ∗ESP 连接，作为急停控制回路的电源。

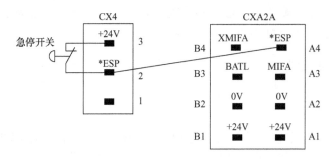

图  5-103

急停接口 CX30 的连接如图 5-104 所示，CX30 的 3 脚输出 24V 电源，经过急停开关连接到 1 脚，CX30 的 1 脚与 CXA19A 的 A3 的 ∗ESP 连接，作为急停控制回路的电源。

驱动器 βiSV20（规格 A06B-6130-H002）的急停控制回路如图 5-105 所示，24V 电源经过急停开关、排阻 RM12 的分压，电压比较器 HA17903 的反相输入端 2 脚电压为 4V。5V

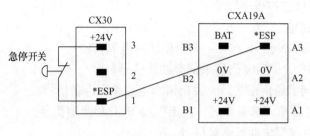

图 5-104

电源经过 RM12 的分压，在电压比较器 HA17903 的同相输入端 3 脚电压为 3V，电压比较器 HA17903 的输出端 1 脚为低电平，输入到主控芯片的输入信号 ∗ESP。

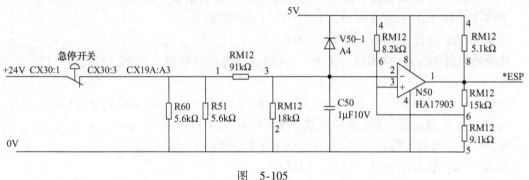

图 5-105

如果 24V 电源断开，电压比较器 HA17903 的反相输入端 2 脚电压为 0V，电压比较器 HA17903 的输出端 1 脚为高电平，由于急停回路断开而产生 401 报警。

## 5.15 常见故障处理

在发那科数控系统的模块中，最容易出现故障的元件为光耦，驱动器中 60% ~80% 的故障为光耦损坏，其次为 IPM 或 IGBT 模块损坏。

### 5.15.1 主机常见故障

**1. 主机不能正常工作**

主机电源 CP1 接口的正常工作电压为 24 (1 ± 10%) V，即电压值在 21.6 ~26.4V 之间。如果超出此范围，尤其是低于 18V 时，主机不能正常工作，应检查主机电源的外部供电回路以及插脚是否接触良好。

**2. 主机不能正常开机，显示 E、8、7**

CPU 工作时温度高，长时间运行后会出现脱焊现象。在检测 CPU 外围电子元件无故障的情况下，需要对 CPU 通过 BGA 焊台进行加固焊接，或者重新植球进行焊接，或者更换

CPU。一般 CPU 芯片本身损坏的可能性非常小。

### 3. 出现白屏

显示屏或者排线损坏。

### 4. 出现黑屏

用照明手电筒观察屏幕，如果屏幕上有模糊的图像，说明显示屏无故障，应该是高压条或者背光管出现故障，更换即可。也可以用 LED 灯代替背光管。

### 5. MDI 面板的按键失灵、跳屏

按键失灵或者跳屏（屏幕从一个界面不停跳转到另一个界面）时，一般是芯片 RV16 出现问题，如图 5-106 所示。芯片 RV16 为 FANUC 主板的 MDI 面板和软键的控制芯片。芯片 RV16 容易出现脱焊现象，可将 RV16 用热风枪拆下，重新进行植球、焊接。芯片 RV16 本身损坏的可能性非常小。

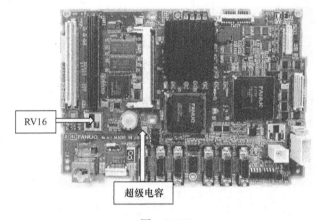

图　5-106

### 6. 主板电池不耐用

电容及电容周围电路有短路现象，可使用洗板水清洗电路或者更换超级电容。

## 5.15.2　电源模块常见故障

### 1. 电源模块无显示

电源模块整流出直流 300V 的电压，P 为 300V 的正极，N 为 300V 的负极，作为主轴模块、进给驱动模块的动力电源。

电源模块的开关电源电路如图 5-107 所示，单相 200V 的交流电经过 L1 滤波、整流桥 V1 整流出 300V 的直流电。R6 为启动电阻，V6 为晶闸管，电源正常启动后，由晶闸管短接启动电阻。脉冲变压器 T1 的副边线圈整流出 24V、9V、5V 等的直流电源，作为控制电源使用。

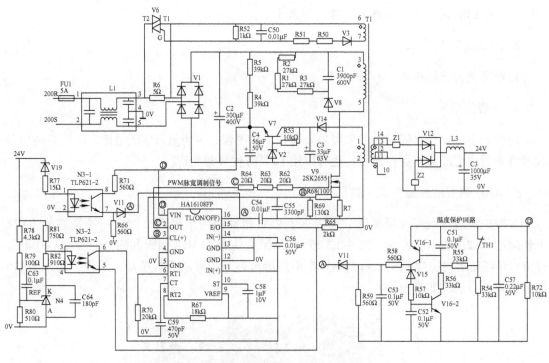

图 5-107

脉宽调制芯片 HA16108FP 的 1 脚为供电电源的输入端, 电压为 21V 左右。R5、R4 组成上电起动电路, 将直流电源输入到 HA16108FP 的 1 脚, 为脉宽调制芯片 HA16108FP 提供上电时的起动电流。电路起振后, 自供电绕组的 1、2 端子的输出电压经过 V14、C3 整流滤波, V7、V2 组成恒流源电路, 以稳定供电电流, 输入到 HA16108FP 的 1 脚, 给 HA16108FP 提供工作电源。

HA16108FP 的 2 脚输出脉宽调制信号, 控制场效应管 V9 的导通和关断。9 脚为基准电源输出端, 提供 +6.45V 的稳定电压。15 脚接标记为 N3-2 的光耦 TLP621-2 的反馈信号, 作为电压反馈输入端。16 脚接标记为 N3-1 的光耦 TLP621-2 的反馈信号和温度检测信号, 作为电压控制和温度保护的输入端。

脉冲变压器 T1 的副边线圈整流出 24V 电源, 作为电压负反馈信号 (输出电压采样信号)。

当 24V 电压值过高时, TLP621-2 (N3-1) 导通, 引起 16 脚的电压升高; 温控开关 TH1 断开, 晶体管 V16-1 导通, 同样会引起 16 脚的电压升高。图中 16 脚的位置标记为 Ⓐ, 当 16 脚的电压高于 7V 时, HA16108FP 的 2 脚的脉宽调制信号停止输出, 开关电源停止振荡, 产生保护作用。

N4 为可控精密稳压源 TL431, VREF 引脚输出 2.5V 的基准电压。当 24V 电压值升高时, TLP621-2 (N3-2) 的输入侧二极管的发光强度随之上升, 输出侧的管压降减小, 15 脚的电压升高, 2 脚输出脉宽调制信号的低电平加长, V9 截止时间变长, 使得脉冲变压器 TI 的副边输出电压下降, 进行稳压调节。

电源模块开机无显示, 原因是开关电源出现故障。检测并更换脉宽调制芯片

HA16108FP 以及采样反馈光耦 TLP621 - 2、场效应管 V9、温控开关等。

**2. 电源模块电压检测电路故障**

对电源模块的电压进行检测，当电压出现异常时，LED 会显示"4、6、7、H"。

三相交流电通过 D15、D16、D17 整流，C27 滤波，经过电阻限流，输出到 VDEF、VDC，VDEF、VDC 在没有插入控制板时的电压值为直流 320V，如图 5-108 所示。三相交流电缺一相时的电压值为 280V，缺两相时的电压值为 1.1V。当电源模块出现电源缺相故障时，检查 R、S、T 是否缺相，二极管和电阻是否损坏。

VDC 输入到 N21 - 1 电压比较器 LM339 的同相输入端，当其值低于反相输入端的电压值 1.98V 时，电压比较器输出 0.1V 的低电平信号，经过 ULN2004（N20）反相变为高电平信号，型号为 TLP721 的光耦 N25 截止，4 脚为高电平，输入到电源模块的主芯片信号为 HV，电源模块的 LED 显示为 7，提示"主电路直流部分（DC 链路）电压异常升高"。

VDC 输入到 N21 - 2 电压比较器 LM339 的同相输入端，当其值高于反相输入端的电压值 5.57V 时，电压比较器输出 7.7V 的高电平信号，经过 N20 反相变为低电平信号，型号为 TLP721 的光耦 N24 导通，4 脚变为低电平，输入到电源模块的主芯片信号为 *LV，电源模块的 LED 显示为 4，提示"主电路直流部分（DC 链路）电压降低"。

VDEF 输入到 N21 - 3 电压比较器 LM339 的反相输入端，当其值低于同相输入端的电压值 2.36V 时，电压比较器输出 7.7V 的高电平信号，经过 ULN2004（N20）反相变为低电平信号，型号为 TLP721 的光耦 N23 导通，4 脚为低电平，输入到电源模块的主芯片为 *RGON 信号，电源模块的 LED 显示为 H，提示"再生功率过大，调低加减速的频度"。

VDEF 输入到 N21 - 4 电压比较器 LM339 的反相输入端，当其值低于同相输入端的电压值 5.19V 时，电压比较器输出 7.7V 的高电平信号，经过 ULN2004（N20）反相变为低电平，型号为 TLP721 的光耦 N22 导通，4 脚为低电平，输入到电源模块的主芯片为 *THYEN 信号，电源模块的 LED 显示为 6，提示"控制电源电压下降"。

图 5-108 中括号里面标注的电压值为 VDEF、VDC 没有接入时的电压值，可以作为电源模块检修时的参考。当出现电压异常报警时，可以测量和更换 N22、N23、N24、N25 四个 TLP721 光耦，更换 LM339 并检查 LM339 周围有无铜箔断线，检查 R51、R52、R53 三个 15kΩ 的水泥电阻是否正常，检查 R54、R55、R56 三个 51kΩ 的电阻是否正常。

**3. 电源模块电流检测电路故障**

对电源模块的电流进行检测，当电流出现异常时，LED 会显示"1、3、5、8"。

三相交流电中 R、S 相的电流经过电流互感器检测到的信号分别为 CTR、CTS。CTR 经过 LM6144（N7 - 1）精密半波整流后传输到 LM6144（N7 - 4）的反相输入端，CTS 经过 LM6144（N7 - 2）精密半波整流后也传输到 LM6144（N7 - 4）的反相输入端。CTR、CTS 整流后的信号另外输入到 LM6144（N7 - 3）的反相输入端，合成出 T 相的电流检测信号，经过 LM6144（N7 - 3）精密半波整流后同样传输到 LM6144（N7 - 4）的反相输入端。LM6144（N7 - 4）的反相输入端为三相交流电 R、S、T 相的电流合成检测信号。

精密半波整流是利用运算放大器 LM6144 的放大作用，可以将小于 0.6V 的交流信号进行整流。图 5-109 中为精密负半波整流电路，将 CTR、CTS 的正半波信号整流为负半波，

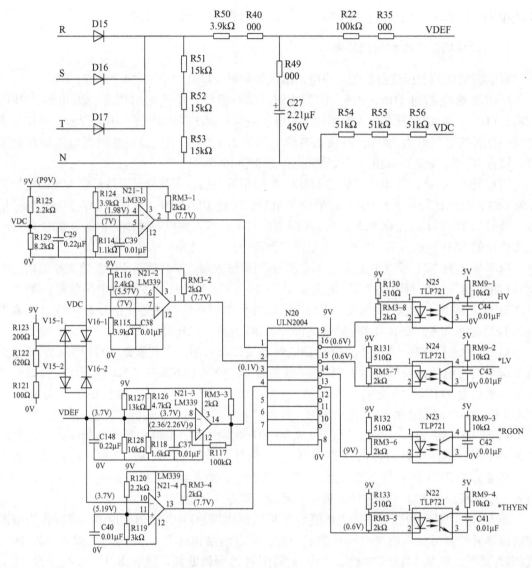

图 5-108

CTR、CTS 的负半波信号截止。因此 LM6144（N7-4）的反相输入端的三相交流电 R、S、T 相的电流合成检测信号为负信号。

UPC842G（N5-1）产生 2.5V 的基准电源，输入到各个运算放大器的同相输入端，作为比较的基准电压。

R、S、T 相的电流合成检测信号经过反相比较放大器 LM6144（N7-4）成为正电压信号 IDC。IDC 反映了三相交流电 R、S、T 电流的大小，如果 R、S、T 的电流增大，则 IDC 的电压值升高，反之亦然。

IDC 的电压值高于 3.46V 时，比较放大器 LM339（N8-4）输出低电平，给主芯片送入 *CLIM 信号，即电流限制信号。

IDC 的电压值高于 3.7V 时，比较放大器 LM339（N8-2）输出低电平，给主芯片送入 *OVC2 信号，即过电流信号。

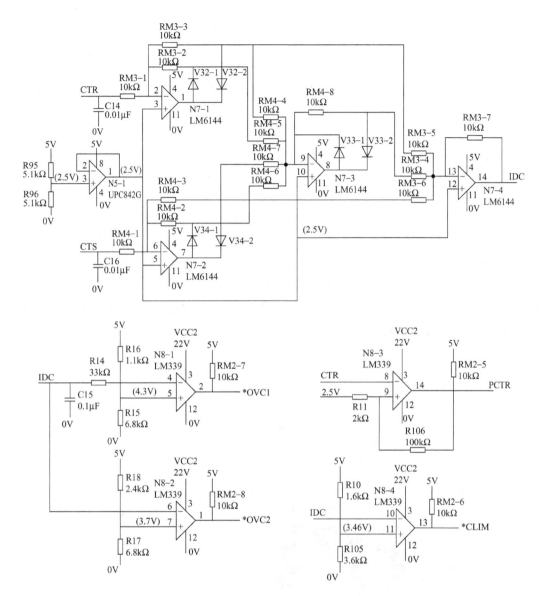

图　5-109

IDC 的电压值高于 4.3V 时，比较放大器 LM339（N8-1）输出低电平，给主芯片送入 * OVC1 信号，同样为过电流信号，只是幅值大小不同。

CTR 大于 2.5V 时，比较放大器 LM339（N8-3）输出 0V 低电平；CTR 小于 2.5V 时，比较放大器 LM339（N8-3）输出 5V 高电平，给主芯片送入 PCTR 信号，即 CTR 的正信号。

通过以上回路，电源模块实现了对电流的检测。

当出现电流异常报警时，首先检查 UPC842G（N5-1）产生的基准电源的电压 2.5V 是否正常，其次更换 LM339、LM6144 并检查 LM339、LM6144 周围有无铜箔断线。

### 4. 电源模块显示 2 或 A

风扇报警线（黄色线或白色线）的信号输入到 74HC04、74HCV14 或 SN75189 等反相器芯片，进行反相处理后送入主芯片，如图5-110所示。风扇出现停转时，黄色报警线输出5V电压，经过反相器后变为低电平，产生风扇报警信号（＊FANAL）。如果更换合格的风扇后，电源模块仍旧显示2或A，说明电源模块产生故障，可更换芯片74HC04、74HCV14或SN75189。

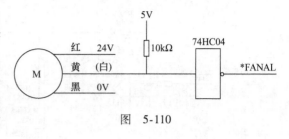

图　5-110

### 5.15.3　主轴模块常见故障

#### 1. 主轴报警号 SP9003

主轴报警号SP9003的含义为直流母线保险熔断。如图5-111所示，采样电阻R29、R22、R62将直流母线电压采样，送入光耦A7800A的2、3脚，信号进行8倍放大后从7、6脚输出。如果排除IGBT模块或主轴电动机的问题，报警原因应是主轴模块底板上的检测光耦A7800A或周围电阻损坏，予以更换。

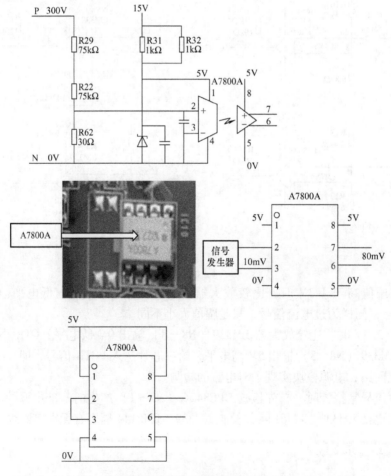

图　5-111

光耦 A7800A 的 2、3 脚的输入电压为 −200 ~ 200mV，A7800A 对 2、3 脚的输入信号进行 8 倍放大后从 7、6 脚输出。对 A7800A 进行检测时，给 1、4 和 8、5 加上 5V 的工作电源，信号发生器在 2、3 脚加入 10mV 的直流电压，若 7、6 脚输出电压在 80mV 左右，则说明 A7800A 工作正常，否则予以更换。

简略的测量方法是给 A7800A 接上 5V 电源，短接 2、3 脚，用万用表的直流挡检测 6 脚对 5 脚的电压、7 脚对 5 脚的电压，如果电压均为 2.5V 左右，则此 A7800A 基本属于正常。

**2. 主轴报警号 SP9004**

主轴报警号 SP9004 的含义为电源缺相或保险熔断。规格为 A06B − 6134 − H303 的一体机模块交流输入端 R、S、T 分别有 6 个采样电阻，由于工作时间长，容易引起采样电阻温度高，焊锡容易脱落，出现电阻开路或阻值改变，这种故障非常普遍，可对电阻予以更换，如图 5-112 所示。

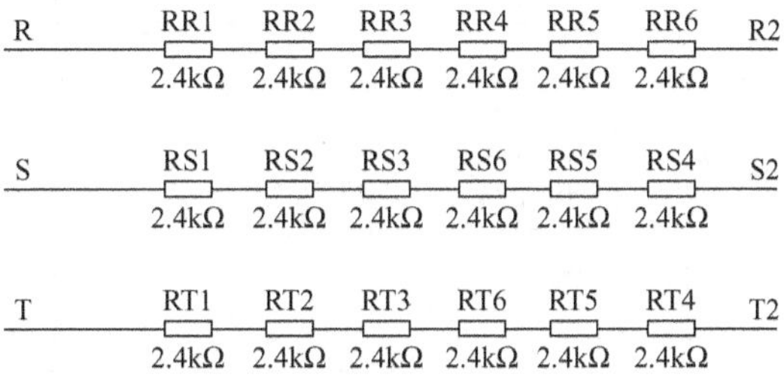

R —— RR1 —— RR2 —— RR3 —— RR4 —— RR5 —— RR6 —— R2
2.4kΩ 2.4kΩ 2.4kΩ 2.4kΩ 2.4kΩ 2.4kΩ

S —— RS1 —— RS2 —— RS3 —— RS6 —— RS5 —— RS4 —— S2
2.4kΩ 2.4kΩ 2.4kΩ 2.4kΩ 2.4kΩ 2.4kΩ

T —— RT1 —— RT2 —— RT3 —— RT6 —— RT5 —— RT4 —— T2
2.4kΩ 2.4kΩ 2.4kΩ 2.4kΩ 2.4kΩ 2.4kΩ

图 5-112

**3. 主轴报警号 SP9073、SP9031**

主轴报警号 SP9073 的含义为电动机传感器断线，SP9031 的含义为电动机锁住或检测器断线。解决的方法是将电动机传感器的距离调近，对传感器及电缆进行更换。如果电动机传感器的感应面出现磨损，说明主轴电动机的轴承损坏，检测齿盘因此产生摆动，将传感器磨坏。除了更换传感器外，还要更换主轴电动机的轴承，如图 5-113 所示。

图 5-113

**4. 主轴报警号 SP1212、SP9009**

1) 主轴报警号 SP1212 的含义为换刀时主轴移动超差，原因是主轴驱动电路故障。

图 5-114 为主轴驱动器的 U、V、W 三相驱动电路，共有 6 路驱动回路。

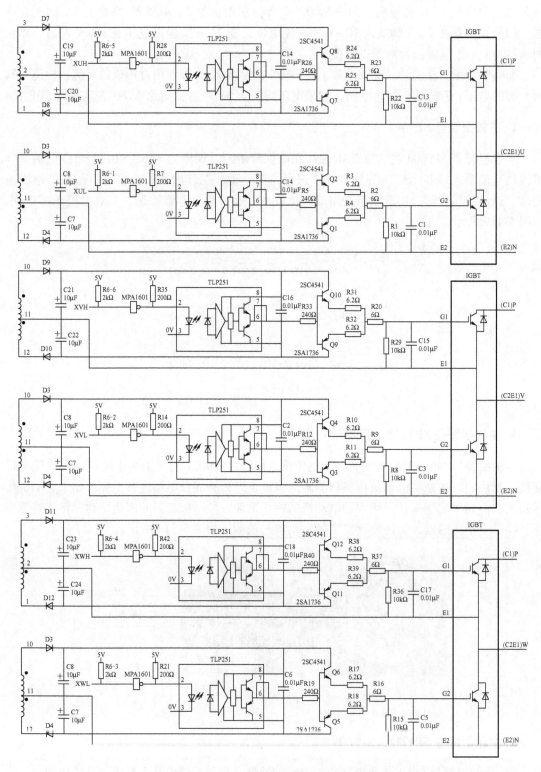

图　5-114

下面以 U 相电路为例进行分析。脉冲变压器副边线圈的 2、3 端子经过二极管 D7 整流、C19 滤波后直流电压为 15V 左右，脉冲变压器的副边线圈的 1、2 端子经过二极管 D8 整流、C20 滤波后，直流电压为 10V 左右。

主轴模块的主控芯片输出控制信号 XUH、XUL，此处以 XUH 为例进行分析。当 XUH 为高电平或没有输出 XUH 时，高电平信号经过反相器 MPA1601 变为低电平。低电平信号输入到光耦 TLP251 的 2、3 脚，2、3 脚截止，TLP251 的 6、7 脚输出低电平信号，晶体管 Q7 导通，G、E 间电压约为 −10V，此时 IGBT 截止。TLP251 的 6、7 脚并联在一起。

当 XUH 为低电平时，低电平信号经过反相器 MPA1601 变为高电平。高电平信号输入到光耦 TLP251 的 2、3 脚，2、3 脚导通，TLP251 的 6、7 脚输出高电平信号，晶体管 Q8 导通，G、E 间电压约为 15V，此时 IGBT 导通。

主控芯片输出 XUH 脉宽调制的高低电平信号，当 XUH 为高电平时，Q8 导通，IGBT 的 G、E 间电压约为 15V，IGBT 导通；当 XUH 为低电平时，Q7 导通，IGBT 的 G、E 间电压约为 −10V，IGBT 截止。

用万用表测量电阻 R26、R5、R33、R12、R40、R19 阻值是否正常，有没有阻值变大或开路；Q1、Q2、Q3、Q4、Q5、Q6、Q7、Q8、Q9、Q10、Q11、Q12 驱动晶体管是否正常；C14、C4、C16、C2、C18、C6 贴片电容有无击穿或开路。

IGBT 的驱动电路检测分为静态检测和动态检测，如图 5-115 所示。静态检测是在电容 C19、C20 外加 24V 的直流电源，光耦 TLP251 的 2、3 脚没有触发，此时 G1、E1 会产生 −10V 左右的电压。

动态检测是在 XUH 输入 5V、1000Hz 的方波信号，如果在 G1、E1 间检测到波形陡峭的 24V、1000Hz 的方波信号，说明驱动回路是正常的，如图 5-115 所示。

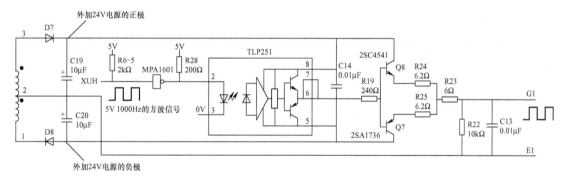

图　5-115

动态检测的一种简略方法是外加 5V 直流电，光耦 TLP251 的 2、3 脚触发，此时信号反转，G1、E1 会产生 15V 左右的电压，如图 5-116 所示。

2）主轴报警号 SP9009 的含义为主电路过热。如图 5-117 所示，温控开关在模块温度大于 85℃时，温控开关断开，发生 SP9009 号报警。

IGBT 性能检测如图 5-118 所示。首先用数字万用表的二极管挡位检测 C1、E1 和 C2、E2 的单向导电性。C1、E1 和 C2、E2 都有一个二极管，因此正向管压降的值为 0.3V 左右，反向管压降无穷大，IGBT 属于正常。如果正反向的管压降都很大或都很小，则 IGBT 出现故障。

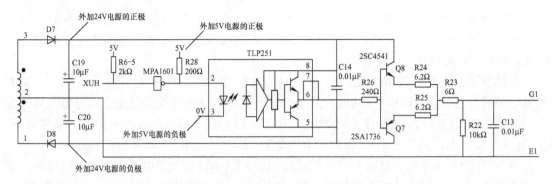

图 5-116

图 5-117

再用指针万用表的 10K 挡检测 IGBT 的触发性能。万用表的黑表笔接在 C1 端,万用表的红表笔接在 C2E1 端,用手指同时触碰一下黑表笔和 G1,给 IGBT 的栅极 G1 施加正的触发电压,万用表的指针摆向阻值较小的方向并能够保持在某一位置;用手指同时触碰一下 G1 和 E1,给 IGBT 的门极 G1 释放触发电压,万用表的指针返回;满足以上条件,说明IGBT是好的,否则予以更换。

图 5-118 中 R 表示手指的阻值,开关表示手指的触碰。

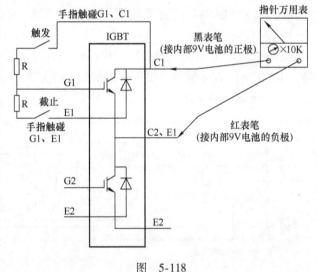

图 5-118

特别说明,指针万用表在 10K 档位时,黑表笔接万用表内部 9V 电池的正极,红表笔接 9V 电池的负极。数字万用表在二极管档位时,红表笔接万用表内部电池的正极,黑表笔接电池的负极。

## 5.15.4 驱动模块常见故障

### 1. 伺服报警号 SV0438、SV0441、SV0410

报警号 SV0438 的含义为逆变器电流异常,报警号 SV0441 的含义为异常电流偏移,报警号 SV0410 的含义为停止误差太大。在排除伺服电动机、动力线、编码器、IPM 模块没有出现短路故障后，对芯片 A7860 及其电源进行检测，并对 A7860 予以更换。

**2. 报警号 SV5136**

报警号 SV5136 的含义为 FSSB 的放大器数量不足。原因是光纤接触不良或损坏；驱动器没有 24V 电源；编码器线接地；驱动器侧板（控制板）上的通信芯片 QFS3D85667S1 - C31 损坏，如图 5-119 所示。

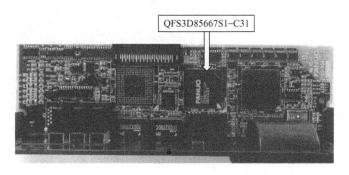

图 5-119

**3. 报警号 SV0449**

报警号 SV0449 的含义为逆变器 IPM 报警。伺服驱动器的 LED 显示 "8."、"9."、"A."，系统检测出 IPM 过电流。这是伺服驱动器中最常见的故障。原因是 IPM 模块损坏，需要对 IPM 进行检测和更换。此外还需要对驱动光耦如 TLP759、A4504 等进行检测。如果有一路光耦损坏，6 路驱动光耦要全部更换，否则会影响使用寿命。在光耦 A4504 系列中，A4504V（后面带 V）为高速响应系列，驱动芯片全部选择 A4504 或 A4504V，不能 A4504 和 A4504V 混用。

**4. 报警号 SV0411**

报警号 SV0411 的含义为移动误差太大。主要原因是驱动光耦损坏，更换对应轴的驱动光耦，如 TLP759、A4504 等。

**5. 报警号 SV0435**

报警号 SV0435 的含义为逆变器 DC LINK 低电压，即直流母线的电压低，"伺服驱动器的 LED 显示 "5"。采样电路如图 5-120 所示，直流母线的电压经过电阻采样，通过光耦 TLP621 进行光电隔离后，送入主控芯片。故障原因是阻值 12kΩ 的贴片采样电阻或光耦 TLP621 损坏，应予以更换。

光耦 TLP621 的 1、2 脚导通压降为 1.2V，工作电流为 5 ~ 20mA。对于光耦只检测其阻值是不可靠的，必须加电测试。如图 5-121 所示，5V 电源通过 200Ω 的电阻限流保护内部发光二极管，此时 3、4 脚导通，用万用表的电阻档检测 3、4 脚的阻值。

特别强调，对于 IPM、IGBT 和光耦器件，如果只检测其阻值是不可靠的，仅具备参考作用，必须对 IPM、IGBT 和光耦器件施加电源和信号，然后检测对应的输出信号。

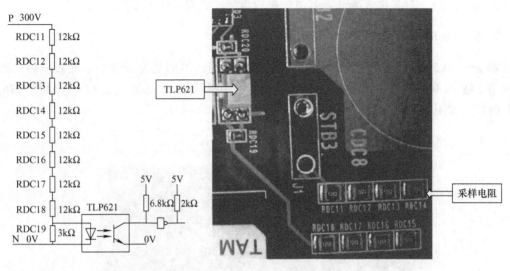

图 5-120

为保护光耦里的发光二极管，需要接入限流电阻。在图 5-121 中，
(5 − 1.2)V ÷ 200Ω = 0.019A，工作电流为 19mA。限流电阻的选取可
以按照发光二极管的管压降为 1.2V、工作电流为 10mA 进行计算。

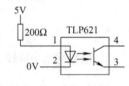

图 5-121

### 6. 报警号 SV0430

报警号 SV0430 的含义为伺服电动机过热。伺服电动机内部有热敏电阻，阻值 50 ~
80kΩ 为正常值，如图 5-122 所示。电动机的热敏电阻输入到编码器进行处理，通过编码器
电缆输入到驱动器中。编码器上热敏电阻的输入端如图 5-123 所示。

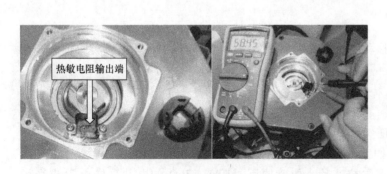

图 5-122

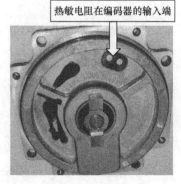

图 5-123

当伺服电动机本身温度高、发烫时，可能原因是电动机绕组故障、电动机轴承损坏、电
动机出现退磁。当电动机出现退磁时，需要更换磁条。如果只对电动机进行充磁，效果会
不好。

当伺服电动机温度不高时，可能是电动机的热敏电阻、编码器、编码器的反馈线出现
故障。

**7. 报警号 SV0453、SV0368**

报警号 SV0453 的含义为串行编码器软断线，报警号 SV0368 的含义为串行数据错误（内装）。原因是编码器故障或者编码器电缆、接头故障。

**8. 报警号 SV0465、SV0466**

报警号 SV0466 的含义为电动机/放大器组合不对。原因是放大器的最大电流值参数 2165 的设定不正确以及 FSSB 连接顺序、参数设定与实际连接顺序不一致。

需要将参数 2165 设为 0，参数 1902 的#0、#1 都设为 0，将系统断电重新启动，系统自动进行 FSSB 设定，自动检测设定参数 2165 的值。

如果故障仍然存在，则是因为驱动板上的存储芯片 EEPROM 的数据丢失或损坏。存储芯片的型号为 24C04W，里面存储有电动机数据，需要对芯片用烧录机进行数据烧写。存储芯片的电路如图 5-124 所示。

存储芯片故障也会产生报警号 SV0465，其含义为读 ID 数据失败。

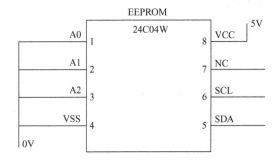

图 5-124

# 第6章　PMC难点程序的编制方法

FANUC PMC 程序由一级程序、二级程序、三级程序及子程序组成。一级程序保存在 LEVEL1 中，主要处理急停、超程等信号，以 END1 结束。二级程序保存在 LEVEL2 中，处理包括机床面板、自动换刀、润滑、冷却等信号，以 END2 结束。三级程序保存在 LEVEL3 中，主要处理低速响应信号，也可处理报警信号。子程序是处理换刀、润滑、冷却等特定功能的程序，需要在主程序中调用。本章主要涉及 PMC 程序中的难点部分。

## 6.1　M 辅助功能的实现

M 功能进行机床外围的逻辑控制。M 功能的实现需要译码、执行、结束三个步骤。

**注意：**

1）不需要译码的 M 功能有 M00、M01、M02、M30。其中，M00（程序停），系统给出信号 F9.7；M01（程序选择停），系统给出信号 F9.6；M02（程序结束），系统给出信号 F9.5；M30（程序结束），系统给出信号 F9.4。

2）不需要 PMC 处理的 M 代码。

① M98/M99 指令。M98，子程序调用；M99，子程序返回。

② M96/M97 指令。M96，中断型程序调用开始；M97，中断型程序调用结束。

③ M 代码调用宏程序。如下所示：

参数 6071 ~ 6089 可以通过 M 代码调用固定程序号，不需要 PMC 处理。参数 6071 ~ 6089 调用程序如下：

| 6071 | 调用程序号为 O9001 的子程序的 M 代码 |
| --- | --- |

$$\vdots$$

| 6089 | 调用程序号为 O9029 的子程序的 M 代码 |
| --- | --- |

**例 6-1**　M06 调用子程序

| 6071 | 6 |
| --- | --- |

因为 6071 对应程序 O9001，当主程序执行 M06 时，终止主程序执行，调用执行子程序 O9001，执行完后返回主程序，M06 不用 PMC 处理。因此参数 6071 ~ 6089 对应的 M 代码不用 PMC 处理。

主程序　　　　　　子程序

O0002　　　　　　O9001

M06；　　　　　　⋮

M30；　　　　　　M99；

M 代码的译码、执行、结束的过程如下：

1）加工程序中有 M 功能指令时，CNC 将其以二进制形式存储在 F10～F13 中。

例如刚性攻丝指令 M29，29 的二进制是 11101，则

$$F10 = 00011101$$

$$F11 = 00000000$$

$$F12 = 00000000$$

$$F13 = 00000000$$

2）M 代码输出后，延时参数 3010 设定的时间，如参数 3010 的值为 16，延时 16ms，输出 MF 信号 F7.0。

3）M 功能的译码：译码指令 DECB，一次可以对八个连续的 M 代码进行译码，如图 6-1 所示。

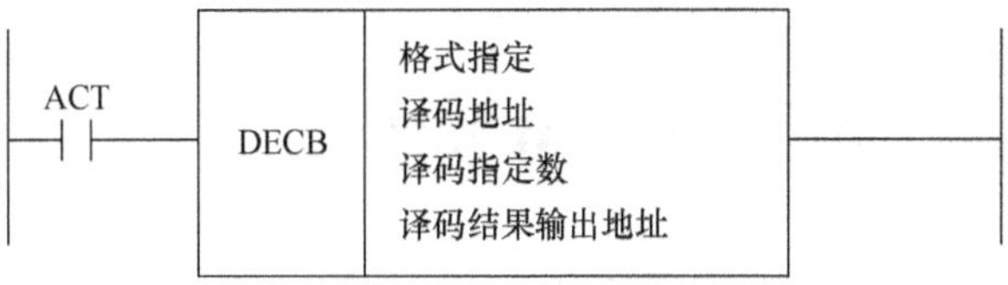

ACT = O：将所有输出位复位。

ACT = 1：进行数据译码。

格式指定：设定代码数据的大小。

① 0001：一个字节的二进制代码数据。

② 0002：两个字节的二进制代码数据。

③ 0004：四个字节的二进制代码数据。

译码地址：给定存储代码数据的地址，通常为直接写入 F10。

译码指定数：给定要译码的八个连续数字的第一位。

译码结果输出地址：给定一个输出译码结果的地址。

ACT—|  |—DECB〔格式指定／译码地址／译码指定数／译码结果输出地址〕

图　6-1

**例 6-2**　M04 译码

M04 译码如图 6-2 所示，参数设置见表 6-1。

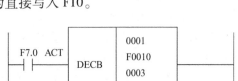

F7.0 ACT—|  |—DECB〔0001／F0010／0003／R0010〕

图　6-2

表　6-1

|  | #7 | #6 | #5 | #4 | #3 | #2 | #1 | #0 |
|---|---|---|---|---|---|---|---|---|
|  | M10 | M09 | M08 | M07 | M06 | M05 | M04 | M03 |
| R10 | R10.7 | R10.6 | R10.5 | R10.4 | R10.3 | R10.2 | R10.1 | R10.0 |

例如加工程序中有 M04 时，通过译码指令使得中间继电器的常开点 R10.1 为 1。

4）M 代码的执行：由译码指令实现的结果输出，通常是中间继电器 R 的触点控制相应的功能，如图 6-3 所示。G70.4 是 FANUC 定义的串行主轴反转控制信号，G70.4 得电，主轴反转起动。

5）M 代码的结束：M 代码执行结束后，把辅助功能结束信号 FIN（G4.3）送到 CNC，表示 M 功能完成，如图 6-4 所示。

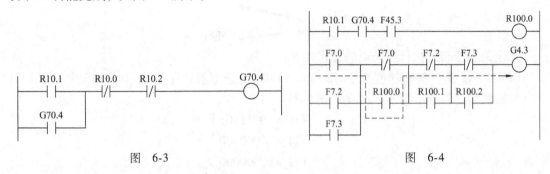

图 6-3　　　　　　　　　　　　　　　　　图 6-4

执行 M04 时，译码指令激活 G70.4，串行主轴开始反转，到达速度后，F45.3 信号导通，R100.0 信号导通。在 G4.3 回路中，信号由 F7.0（常开触点）→R100.0（常开触点）→F7.2（常闭触点）→F7.3（常闭触点）→G4.3，通知系统 M 指令完成。

## 6.2　刚性攻丝的 M 功能实现

刚性攻丝的指令为 M29。在进行刚性攻丝循环时，主轴的旋转和进给轴的进给之间总是保持同步。在刚性攻丝时，主轴的旋转不仅要实现速度控制，而且要实现位置的控制。主轴的旋转和攻丝轴的进给要实现直线插补，在孔底加工时的加/减速仍要满足 $P = F/S$ 的条件以提高刚性攻丝的精度。$P$ 为螺距，$F$ 为进给速度，$S$ 为主轴转速。

参数 5200 的#0 设为 0，通过参数 5210 设定代码值执行刚性攻丝，No. 5210 系统默认值为 29。M29 与固定循环 G84/G74（M 系列）、G84/G88（T 系列）同时使用，在这种情况下，需要对 M29 进行译码。

参数 5200 的#0 设为 1，程序中不需要 M29 指令，使用固定循环 G84/G74（M 系列）、G84/G88（T 系列）即可，不需要译码 M29 指令。

刚性攻丝对应固定 PMC 接口信号 G61.0。

刚性攻丝的梯形程序编写如下：

1）M03、M04、M05、M29 的译码，如图 6-5 所示。

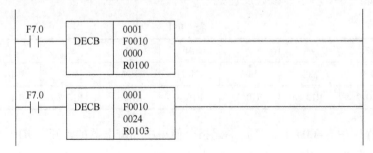

图 6-5

梯形图 6-5 说明：由译码指令可知，M03 对应的地址是 R100.3，M04 对应的地址是 R100.4，M05 对应的地址是 R100.5，M29 对应的地址是 R103.5。

2）刚性攻丝执行时停止主轴旋转，如图 6-6 所示。

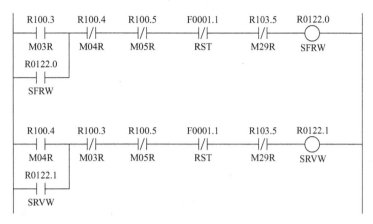

图　6-6

梯形图 6-6 说明：加工程序中有 M03 时，对应常开触点 R100.3 闭合，R0122.0 线圈得电自锁，再去控制 G70.5，主轴正转，如图 6-8 所示。同样，加工程序中有 M04 时，对应常开触点 R100.4 闭合，R0122.1 线圈得电自锁，再去控制 G70.4，主轴反转。

刚性攻丝执行时，M29 使 R103.5 常闭触点断开，主轴正反转均停止。另外，复位键使 F1.1 常闭触点断开，主轴停转。M05 使 R100.5 常闭触点断开，主轴也可以停转。

3）刚性攻丝执行，如图 6-7 所示。

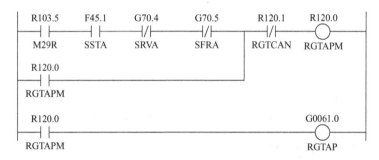

图　6-7

梯形图 6-7 说明：加工程序中有 M29 时，R103.5＝1，执行刚性攻丝。

当主轴完成停止 F45.1 为 1、主轴反转停止 G70.4 为 1、主轴正转停止 G70.5 为 1 时，R120.0 线圈得电且自锁，FANUC 固定信号 G61.0 得电，通知 CNC 刚性攻丝开始执行。其中 R120.1 为刚性攻丝撤销信号。

4）刚性攻丝开始主轴正转，如图 6-8 所示。

图　6-8

梯形图 6-8 说明：M29 执行后，图 6-8 中 R120.0 得电，G70.5 得电，主轴正转。

5）M29 刚性攻丝启动确认，如图 6-9 所示。

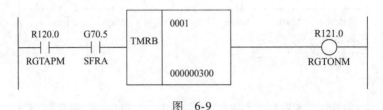

图 6-9

梯形图 6-9 说明：M29 刚性攻丝启动且主轴正转开始后，延时 300ms，R121.0 得电。R121.0 为攻丝指令 M29 完成信号，目的是激活 G4.3 辅助指令完成信号。

6）刚性攻丝撤销处理，如图 6-10 和图 6-11 所示。

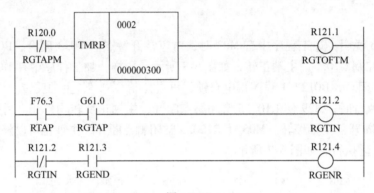

图 6-10

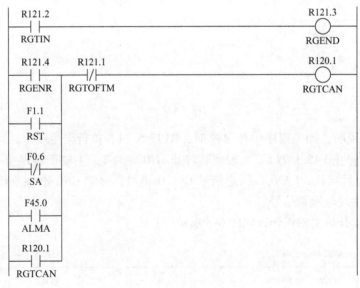

图 6-11

梯形图 6-10 说明：F76.3 为"刚性攻丝中"信号，所以 R121.2 表示正在进行刚性攻丝。当 CNC 执行 G80（取消固定循环）或 01 组的其他 G 代码指令（如 G01、G02）时，取消刚性攻丝指令 G84，此时 F76.3 信号为 0，R121.2 为 0，R121.4 为 1，表示刚性攻丝撤销，开始执行其他 G 代码插补指令。

梯形图 6-11 说明：图 6-11 中 R121.4 触点为 1，使线圈 R120.1 为 1，图 6-7 中 R120.1 的常闭触点断开，使得 R120.0、G61.0 为 0，刚性攻丝撤销，所以 R120.1 为刚性攻丝删除信号。刚性攻丝撤销使得图 6-10 中 R120.0 的常闭触点导通，延时 300ms 后，R121.1 线圈得电，使得图 6-11 中 R121.1 的常闭触点断开，R120.1 线圈失电，图 6-7 中的 R120.1 常闭触点导通，恢复原来状态，等待再一次执行 M29 指令。

信号时序图如图 6-12 所示。

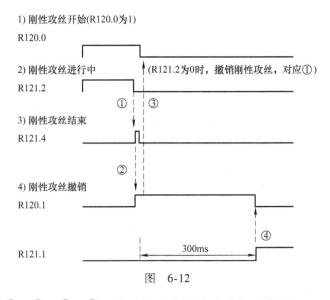

图　6-12

**注意**：虚线的①、②、③、④处为刚性攻丝撤销的过程时序图。

复位键 RESET（F1.1）、伺服驱动器故障（F0.6）、串行主轴故障（F45.0）都可以撤销刚性攻丝指令。

7）刚性攻丝完成，如图 6-13 所示。

梯形图 6-13 说明：M29 指令执行 300ms 后，图 6-9 中 R121.0 线圈得电，使得 R199.0 线圈得电，G4.3 为 1，CNC 结束 M29 代码执行。

调试：参数 5204#0 设为 1，可以显示主轴与攻丝轴的误差值对应 No.452、No.453。

① 主轴和攻丝轴的误差量的瞬时值，对应诊断显示 No.452。

② 主轴和攻丝轴的误差量的最大值，对应诊断显示 No.453。

③ 主轴的位置偏差量对应诊断显示 No.450。

在调试中，要先空走程序（不加工），观察以上诊断内容，如果 No.452 在运行过程中数值不是 0，可能是增益不相同（即主轴参数 5280～5284 和攻丝轴参数 4065～4068 不同），应检查并修改。如果 No.452 在加减速时比较大，可能是时间常数（5261～5264）不合适，应增大或减小设定值。调试结束后，要使 No.453（主轴和攻丝轴的误差量的瞬时值）的值接近 1，或者 No.450（主轴的位置偏差量）的数值小于 200。

使用 SERVO GUIDE 软件调试更直观准确，详见第 4.10 节刚性攻丝精度的测试。

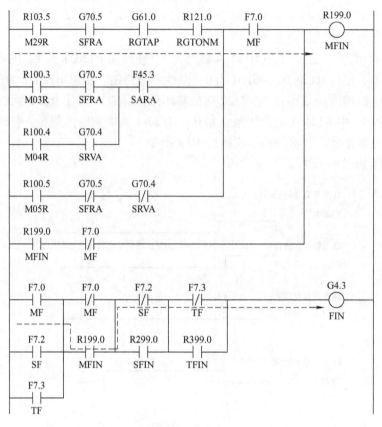

图 6-13

## 6.3 I/O Link 轴刀库控制功能的实现

I/O Link 轴是通过系统的 FANUC I/O Link 总线对 βi 系列伺服电动机进行控制的，它通常用来对机床的外围机构如刀库、转台进行固定动作的控制，以完成某种特定的动作和运动。

### 6.3.1 硬件连接

硬件连接如图 6-14 和图 6-15 所示。具体说明如下：

1）JD51A→JD1B I/O Link 为总线。

2）L1、L2、L3 为三相电源线。

3）U、V、W 为三相电动机动力线。

4）DCC/DCP 为放电电阻接口。

5）CXA19B 为接入 24V 直流电。

6）CX29 为电磁接触器 MCC 控制信号接口。

7）CX30 为急停信号接口。

8）JF1 为电动机反馈电缆接口。

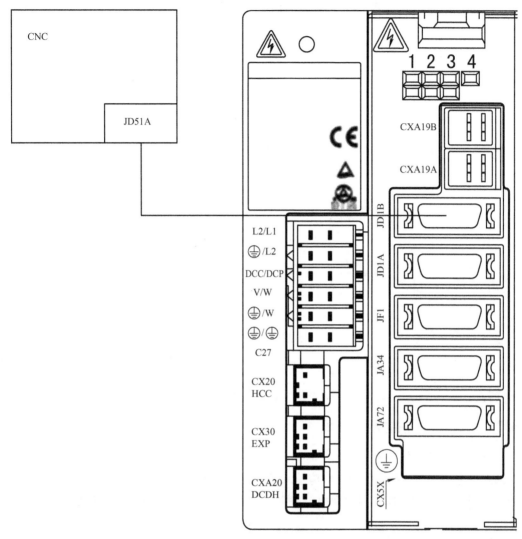

图 6-14

9）CX5X 为使用绝对式编码器时的电池接口。

10）LED 灯指示当前放大器的状态及作为报警状态提示。

如果系统外部不使用放电电阻，则需要将 CZ7（DCP）和 CZ7（DCC）断开，注意不能短接。另外需要使用短接插头将 CXA20 的 1、2 引脚短接，屏蔽对过热信号进行的检测，如图6-15 所示。

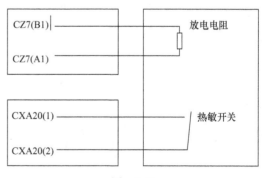

图 6-15

在使用外部减速挡块回零的情况下，JA72 的高速互锁信号（＊RILK）无效，该接口信号作为回零减速信号使用。

在 PMM 界面中，设定 I/O Link 轴的参数 No.11。No.11#2 DZRN 设为 1，表示使用外部

减速挡块回零；默认设定值为 0，使用无挡块回零方式，高速互锁信号有效，如图 6-16 所示。

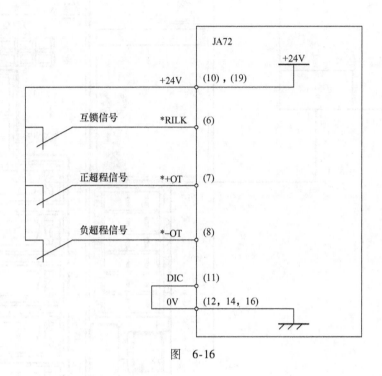

图　6-16

## 6.3.2　I/O Link 轴的地址分配

在进行 I/O 模块的地址分配时，需要分配一个 16B 大小的模块。本例设定如下：

输入信号模块名选择 OC02I，对应输入信号 128 个点，X50 ~ X65，如图 6-17 所示。输出信号模块名选择 OC02O，对应输出信号 128 个点，Y50 ~ Y65，如图 6-18 所示。

| Input | Output | | | |
|---|---|---|---|---|
| Address | Group | Base | Slot | Module Name |
| X0050 | 0 | 0 | 01 | OC02I |
| X0051 | 0 | 0 | 01 | OC02I |
| X0052 | 0 | 0 | 01 | OC02I |
| X0053 | 0 | 0 | 01 | OC02I |
| X0054 | 0 | 0 | 01 | OC02I |
| X0055 | 0 | 0 | 01 | OC02I |
| X0056 | 0 | 0 | 01 | OC02I |
| X0057 | 0 | 0 | 01 | OC02I |
| X0058 | 0 | 0 | 01 | OC02I |
| X0059 | 0 | 0 | 01 | OC02I |
| X0060 | 0 | 0 | 01 | OC02I |
| X0061 | 0 | 0 | 01 | OC02I |
| X0062 | 0 | 0 | 01 | OC02I |
| X0063 | 0 | 0 | 01 | OC02I |
| X0064 | 0 | 0 | 01 | OC02I |
| X0065 | 0 | 0 | 01 | OC02I |

图　6-17

| Input | Output | | | |
|---|---|---|---|---|
| Address | Group | Base | Slot | Module Name |
| Y0050 | 0 | 0 | 01 | OC02O |
| Y0051 | 0 | 0 | 01 | OC02O |
| Y0052 | 0 | 0 | 01 | OC02O |
| Y0053 | 0 | 0 | 01 | OC02O |
| Y0054 | 0 | 0 | 01 | OC02O |
| Y0055 | 0 | 0 | 01 | OC02O |
| Y0056 | 0 | 0 | 01 | OC02O |
| Y0057 | 0 | 0 | 01 | OC02O |
| Y0058 | 0 | 0 | 01 | OC02O |
| Y0059 | 0 | 0 | 01 | OC02O |
| Y0060 | 0 | 0 | 01 | OC02O |
| Y0061 | 0 | 0 | 01 | OC02O |
| Y0062 | 0 | 0 | 01 | OC02O |
| Y0063 | 0 | 0 | 01 | OC02O |
| Y0064 | 0 | 0 | 01 | OC02O |
| Y0065 | 0 | 0 | 01 | OC02O |

图　6-18

本例设定地址 $y = 50$，$x = 50$。如图 6-19 所示，Y 信号为伺服驱动器的控制命令，通过梯形图的线圈进行控制；X 信号为伺服驱动器反馈的状态信号，在梯形图中以触点形式使用。接口信号含义是固定的，要根据 FANUC 的定义使用，见表 6-2 ~ 表 6-4。

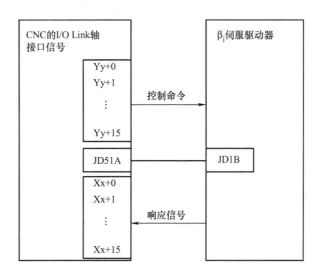

图 6-19

表 6-2

| | #7 | #6 | #5 | #4 | #3 | #2 | #1 | #0 |
|---|---|---|---|---|---|---|---|---|
| Yy + 0 | ST | UCPS2 | – X | + X | DSAL | MD4 | MD2 | MD1 |
| Yy + 1 | | | DRC | ABSRD | * ILK | SVFX | * ESP | ERS |
| Yy + 2 | 功能代码 | | | | 指令数据 1 | | | |
| Yy + 3 | 指令数据 2 | | | | | | | |
| Yy + 4 | | | | | | | | |
| Yy + 5 | | | | | | | | |
| Yy + 6 | | | | | | | | |
| Yy + 7 | RT | DRN | ROV2/MP2 | ROV1/MP1 | * OV8 | * OV3 | * OV2 | * OV1 |
| Yy + 8 | 不能使用（系统预留区） | | | | | | | |
| Yy + 9 | | | | | | | | |
| Yy + 10 | | | | | | | | |
| Yy + 11 | | | | | | | | |
| Yy + 12 | | | | | | | | |
| Yy + 13 | | | | | | | | |
| Yy + 14 | | | | | | | | |
| Yy + 15 | | | | | | | | |

表 6-3

| 功能代码<br>Yy + 2.7 ~ 2.4 | 指令数据1<br>Yy + 2.3 ~ 2.0 | 指令数据2<br>Yy + 6 ~ 3 | 模式 | 启动信号 |
|---|---|---|---|---|
| 0：JOG运转 | | | JOG | + X/ − X |
| 2：ATC转台控制 | 1：自动运转（快捷） | 转台/料盘号 | AUTO | ST |
| | 2：自动运转（正向） | | | |
| | 3：自动运转（负向） | | | |
| | 4：旋转一个螺距 | | JOG | + X/ − X |
| | 5：连续分度 | | | |
| 3：点定位 | 进给速度代码1~7<br>15：快速移动 | 点号1~12 | AUTO | ST |
| 4：参考点返回 | 参考点号<br>1：第1参考点<br>2：第2参考点<br>3：第3参考点 | | JOG | ST |
| | 15：参考点设定 | | | + X/ − X |
| | 15：参考点外部设定 | | | ST |
| 5：定位<br>（绝对指定） | 进给速度代码1~7<br>15：快速移动 | 工件坐标值 | AUTO | ST |
| 6：定位<br>（增量指定） | 进给速度代码1~7<br>15：快速移动 | 移动量 | AUTO | ST |
| 7：速度控制 | 0：启动或变速指令<br>1：停止指令 | 速度指令值 | AUTO | ST |
| 8：定位<br>（跳转功能） | BIT3：0（绝对指定）<br>BIT0~2：进给速度代码1~7 | 工件坐标值 | AUTO | ST |
| | BIT3：1（增量指定）<br>BIT0~2：进给速度代码1~7 | 移动量 | AUTO | ST |
| 10：坐标系设定 | 1：设定坐标系 | 坐标值 | AUTO | ST |
| | 2：设定料盘号 | 料盘号 | | |
| | 3：设定点号 | 点号 | | |
| 12：参数重写 | 参数型<br>1：字节型<br>2：字型<br>3：双字型（第一次）<br>4：双字型（第二次） | 参数号和参数值 | AUTO | ST |
| 14：点数据外部设定 | 点号1~12 | 点数据 | JOG | ST |
| 15：基丁示教的数据<br>设定 | | 点号1~12 | JOG | ST |

表 6-4

| | #7 | #6 | #5 | #4 | #3 | #2 | #1 | #0 |
|---|---|---|---|---|---|---|---|---|
| Xx + 0 | OPC4 | OPC3 | OPC2 | OPC1 | INPX | SUPX | IPLX | DEN2 |
| Xx + 1 | OP | SA | STL | UCPC2 | OPTENB | ZRFX | DRCO | ABSWT |
| Xx + 2 | MA | AL | DSP2 | DSP1 | DSALO | TRQM | RST | ZPX |
| Xx + 3 | | | | | | | | |
| Xx + 4 | | | | | | | | |
| Xx + 5 | | | | 响应数据 | | | | |
| Xx + 6 | | | | | | | | |
| Xx + 7 | | SVERX | | PSG2 | PSG1 | MVX | APBAL | MVDX |
| Xx + 8 | | | | | | | | |
| Xx + 9 | | | | | | | | |
| Xx + 10 | | | | | | | | |
| Xx + 11 | | | | 不能使用 | | | | |
| Xx + 12 | | | | （Power Mate CNC 管理器用响应区） | | | | |
| Xx + 13 | | | | | | | | |
| Xx + 14 | | | | | | | | |
| Xx + 15 | | | | | | | | |

## 6.3.3 接口信号说明

### 1. I/O Link 轴控制方式

I/O Link 轴控制方式有外围设备控制方式和直接命令控制方式两种。

（1）外围设备控制方式 外围设备控制方式是指利用一个指令可以进行包括轴的夹紧、松开在内的一系列多个定位动作。DRC = 0，执行外围设备控制方式。由于需要对外围设备的一系列动作进行控制，因此采用外围设备控制接口进行控制比较方便。

（2）直接命令控制方式 直接命令控制方式是指利用一个指令可以进行一个定位动作。除了定位指令以外，还具有很多其他类型的操作，如等候指令、参数的读写、诊断数据的读写等。DRC = 1，执行直接命令控制方式。

DRC 对应信号地址 Yy + 1.5，本例中 Y51.5 = 0，执行外围设备控制方式。

### 2. 刀库控制常用设定

（1）刀库最短路径自动旋转 功能代码设为 2，见表 6-3，执行"ATC 转台控制"，对应二进制值为 0010。指令数据 1 设为 1，执行"自动运转（快捷）"，对应二进制值为 0001。指令数据 2 设定待换刀的刀具号，通常设定为 F26。功能代码与指令数据 1 并排对应二进制值为 00100001，换算成十进制为 33。本例中对应地址 Y52 的值，因此需要向 Y52 中赋值 33，刀库即可执行最短路径旋转。

（2）点动刀库（按下点动按钮，刀库转一个刀位） 功能代码设为 2，执行"ATC 转台控制"，对应二进制值为 0010。指令数据 1 设为 4，旋转一个螺距，对应二进制值为 0100。

功能代码与指令数据 1 并排对应二进制值为 00100100，换算成十进制为 36。本例中需要向 Y52 赋值，即可实现点动刀库。

（3）刀库回参考点

1）功能代码设为 4，参考点返回，对应二进制值为 0100。指令数据 1 设为 1，对应二进制值为 0001，刀库到第一参考点（对应 PMM 参数 140）。二进制值 01000010 换算成十进制为 65，Y52 赋值 65，刀库回第一参考点。

2）功能代码设为 4，参考点返回，对应二进制值为 0100。指令数据 1 设为 2，对应二进制值为 0010，刀库到第二参考点（对应 PMM 参数 144）。二进制值 01000010 换算成十进制为 66，Y52 赋值 66，刀库回第二参考点。

3）功能代码设为 4，参考点返回，对应二进制值为 0100。指令数据 1 设为 3，对应二进制值为 0011，刀库到第三参考点（对应 PMM 参数 145）。二进制值 01000011 换算成十进制为 67，Y52 赋值 67，刀库回第三参考点。

伺服放大器模块根据执行命令的进展情况发送动作结束信号 OPC1、OPC2、OPC3、OPC4，表示完成的四个步骤。

OPC1：通知主机已经接收到功能代码，同时输出松开指令。

OPC2：通知主机已经接收到松开状态输出信号。

OPC3：通知主机移动已经结束，同时发出夹紧指令。

OPC4：通知主机已经接收到夹紧状态输出信号，结束了功能代码的执行。在接收到 OPC4 之前不能设置下一个指令。

另外，当不使用夹紧/松开时，不能由伺服放大器模块输出 OPC2、OPC3。

## 6.3.4 参数设定

将参数 960#3 设为 0，使 Power Mate 管理器生效，确保 CNC 与伺服放大器之间通信正常。

### 1. 参数初始化设定的内容

1）确定使用的电动机型号代码。
2）确定电动机一转的实际移动量。
3）确定参考计数器的容量（回零时的栅格宽度）。

具体内容及说明见表 6-5。

表 6-5

| 设 定 内 容 | 设定参数号 | 说 明 |
|---|---|---|
| 初始设定位 | No. 12#1 | 设为 0，关机重启初始化生效 |
| 电动机型号代码 | No. 125 | 参阅电动机代码表 |
| CMR | No. 32 | 2 |
| 电动机一转的脉冲分子 | No. 105 | ≤32767，大于 32767 时设定在参数 179 中 |
| 电动机一转的脉冲分母 | No. 106 | ≤32767 |
| 移动方向 | No. 31 | +111 或 -111 |
| 参考计数器容量 | No. 180 | 电动机旋转一转的反馈脉冲数 |
| 栅格偏移量 | No. 181 | |
| 旋转轴一转的移动量 | No. 141 | |

**说明：**

1）No. 105、106 参数的设定。

电动机每转动一转的脉冲数 = 电动机每转动一转的移动量/检测单位。

本例刀库电动机轴为旋转轴，减速比为 10∶1，检测单位为（1/100）°。

电动机每转动一转，工作台旋转（360/10）°。

电动机每转动一转的脉冲为 360/10 ÷（1/100）= 3600 脉冲。

电动机一转的脉冲分子（No. 105）设定为 3600，分母（No. 106）设定为 1。

2）电动机旋转方向设定。从编码器看，沿顺时针方向旋转为正方向，设定值为 111；沿逆时针方向旋转为负方向，设定值为 −111。

3）参考计数器。

参考计数器容量 = 电动机转动一转位置脉冲数或整数分之一。

电动机每转动一转的脉冲为 360/10 ÷（1/100）= 3600 脉冲。

参考计数器（No. 180）设定为 3600。

参考计数器容量作为回零时使用，如果使用绝对式脉冲编码器，可以不做处理。

上述设定完成后，设定电动机初始化设定位为 0 进行初始化，将 PMM 参数 No. 12#1 = 0。关机后开机，如果初始化完成，PMM 参数 No. 12#1 = 1。

本例刀库设定完成后，参数见表 6-6。

表 6-6

| 设 定 内 容 | 设定参数号 | 设定值完成 |
|---|---|---|
| 初始设定位 | No. 12 | 00000010 |
| 电动机型号代码 | No. 125 | 197 |
| CMR | No. 32 | 2 |
| 电动机一转的脉冲分子 | No. 105 | 3600 |
| 电动机一转的脉冲分母 | No. 106 | 1 |
| 移动方向 | No. 31 | 111 |
| 参考计数器容量 | No. 180 | 3600 |
| 栅格偏移量 | No. 181 | |
| 旋转轴一转的移动量 | No. 141 | |

**2. I/O Link 轴绝对原点的参数设置**

I/O Link 轴绝对原点的参数设置如下：

| No. 11 | | APCX | | | | | | | | ABSX |
|---|---|---|---|---|---|---|---|---|---|---|

APCX（#7）：绝对脉冲编码器的检测器（0：尚未通电，1：已经通电）。

ABSX（#0）：绝对位置检测器和机床位置之间的对应关系（0：未完成，1：完成）。

设定方法：如果使用绝对脉冲编码器，将 APCX(#7) 设为 1，表示使用绝对编码器。将电动机运转到要设定的零位，再将 ABSX(#0) 设为 1，断电重启后，I/O Link 轴原点设定完成。

| No. 11 | 1 | | | | | | | 1 |
|--------|---|---|---|---|---|---|---|---|

I/O Link 轴的零点和刀库的原点（1 号刀套所在的换刀位置）两者位置可能不同，通过将刀库原点值输入到参数 140（第一参考点）、144（第二参考点）、145（第三参考点）中，可以调整刀库原点位置。

**3. 其他相关参数设定**

（1）基本功能的设定

1）控制轴相关参数。控制轴相关参数设置如下：

| No. 000 | ROAX | RABX | | | | RAB2X | ROTX | |
|---------|------|------|---|---|---|-------|------|---|

ROTX：控制轴类型（0：直线轴，1：旋转轴）。

RAB2X：旋转轴绝对指令的旋转符号方向（0：无效，1：有效）。

RABX：旋转轴绝对指令的旋转方向（0：按指令符号移动，1：按最短路径移动）。

ROAX：旋转轴的循环显示功能（0：无效，1：有效）。

本例刀库 No. 000 设定如下（旋转轴、最短路径旋转、循环显示）：

No. 000 设定参数 11000010。

2）输入输出参数 No. 003。

输入输出参数 No. 003 设置如下：

| No. 003 | STON | EXPLS | WAT2 | | | IGCP | NCLP | |
|---------|------|-------|------|---|---|------|------|---|

NCLP：是否使用夹紧/松开（0：使用，1：夹紧）。

本例刀库 No. 003 设定如下（使用夹紧）：

No. 003 设定参数 00000010。

3）输入输出参数 No. 004。

输入输出参数 No. 004 设置如下：

| No. 004 | | | | | | NEPRM | ZRNO | |
|---------|---|---|---|---|---|-------|------|---|

ZRNO：参考点建立信号的输入（0：无效，1：有效）。

本例刀库 No. 004 设定如下（使用参考点建立输入有效）：

No. 004 设定参数 00000100。

4）伺服相关参数。伺服相关参数设置如下：

| No. 011 | APCX | MVZPFR | | | | DZRN | SZRN | ABSX |
|---------|------|--------|---|---|---|------|------|------|

DZRN：带挡块的参考点返回功能（0：无挡块返回，1：有挡块返回）。

本例刀库设定 No.011 设定如下（使用绝对编码器、无挡块回参考点）：

No.011 设定参数 10000001。

（2）速度的设定 具体见表6-7。本例刀库设定见表6-8。

表 6-7

| No.40 | 快速移动速度 |
| --- | --- |
| No.41 | 手动连续进给速度（JOG 进给速度） |
| No.43 | 速度指令上限值 |
| No.54 | 返回参考点时的 FL 速度 |

表 6-8

| No.40 | 10000 |
| --- | --- |
| No.41 | 10000 |
| No.43 | 10000 |
| No.54 | 500 |

（3）其他参数设定 具体见表6-9。本例刀库设定见表6-10。

表 6-9

| No.7#2 | 参考点未建立时，转台/料盘号是否输出（0：不输出，1：输出） |
| --- | --- |
| No.68 | 转台/料盘号的数量 |
| No.100 | 负载惯量比 |
| No.107 | 位置环增益 |
| No.110 | 停止时的位置偏差极限值 |
| No.182 | 移动中的位置偏差极限值 |

表 6-10

| No.7#2 | 1 |
| --- | --- |
| No.68 | 60（60 把刀） |
| No.100 | 0 |
| No.107 | 300 |
| No.110 | 500 |
| No.182 | 15000 |

### 6.3.5　梯形图编制

#### 1. 刀库回原点

刀库回原点梯形图如图6-20所示。选择手动模式，F3.2触点为1。按下回零开关X6.0，R540.0产生一个脉冲信号，R540.2导通并自锁，NUMEB赋值指令将65赋值给Y52。65的二进制值为01000001，其中功能代码对应高四位0100，换算成十进制值为4，执行返回参考点功能。指令数据1对应低四位0001，换算成十进制值为1，到达第一参考点，参考点位置对应参数140。

Y50.7为启动信号，刀库返回参考点。到达参考点后，伺服驱动器返回X50.7（OPC4）夹紧完成信号，结束功能指令执行。

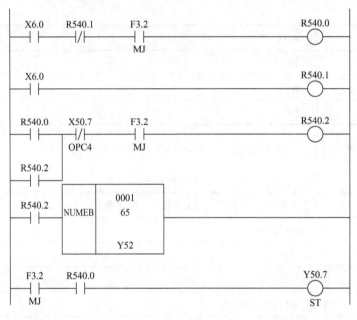

图　6-20

#### 2. 刀库手动连续、点动控制

刀库手动连续、点动控制梯形图如图6-21所示。按下RESET键，常开触点F1.1为1，外部复位信号Y51.0为1，同时Y52清零，即功能指令和指令数据1都设为0。

选择手动模式，F3.2为1，按下X6.2，Y50.4为1，刀库正向旋转；按下X6.3，Y50.5为1，刀库反向旋转。如果在按下X6.2或者X6.3的同时按下X6.1，手动快速移动信号Y57.7有效，刀库可以快速旋转，信号具体情况见表6-2和表6-3。

按下X6.4，Y52的值为36，对应二进值为00100100，其中功能指令对应高四位0010，换算成十进制值为2，ATC转台控制。指令数据1对应低四位0100，换算成十进制值为4，旋转一个螺距。此时按下X6.2，刀库正向旋转一个刀位；按下X6.3，刀库反向旋转一个刀位。

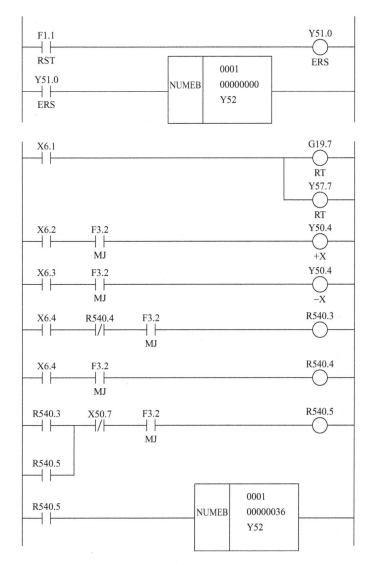

图 6-21

### 3. 刀库自动旋转控制

加工程序中有 T 指令，即刀库旋转指令，延时参数 3010 设定时间（默认值 16ms）后，F7.3（TF 刀具功能）为 1，刀具号存储在 F26 ~ F29 中，见表 6-11。

表 6-11

| 信号名称 | M 功能 | S 功能 | T 功能 |
|---|---|---|---|
| 代码寄存器 | F10 ~ F13 | F22 ~ F25 | F26 ~ F29 |
| 触发信号 | F7. 0 | F7. 2 | F7. 3 |
| 完成信号 | G4. 3 | | |

刀库自动旋转控制梯形图如图6-22所示。在自动模式（F3.3＝1）或MDI模式（F3.5＝1）的加工程序中有T指令时，F7.3信号为1，R540.6产生一个脉冲信号，使Y50.7为1，启动刀库自动运转。

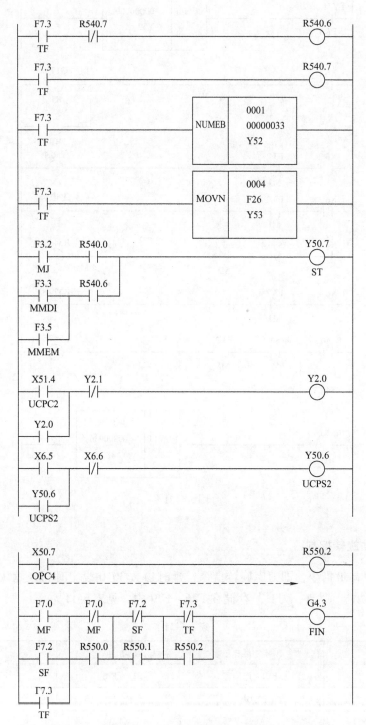

图 6-22

F7.3 信号通过 NUMEB 指令使 Y52 赋值 33，33 的二进制值为 00100001，其中功能指令对应高四位 0010，换算成十进制值为 2，为 ATC 转台控制。指令数据 1 对应低四位 0001，换算成十进制值为 1，自动运转（快捷），即刀库/转台最短路径运行方式。MOVN 为任意数目字节传送指令，将 F26～F29 四字节保存的刀具号传递给指令数据 Y53～Y56。

伺服放大器发送出松开指令信号 X51.4，使刀库的制动机构松开，本例使用 Y2.0 控制液压电磁阀松开刀库的液压抱闸制动机构。刀库松开到位开关 X6.5 导通，刀库松开到位，刀库可以自由旋转，使 Y50.6（UCPS2）为 1，CNC 输出松开状态给伺服驱动器，刀库开始旋转。X6.6 刀库锁紧到位开关信号，与 X6.5 相反。

图 6-22 中刀库转到位锁紧，X50.7（OPC4）动作结束信号导通，使 R550.2 为 1，图 6-23 中，经 F7.3（常开触点）→F7.0（常闭触点）→F7.2（常闭触点）→R550.2（常开触点），使 G4.3 得电，辅助功能完成。

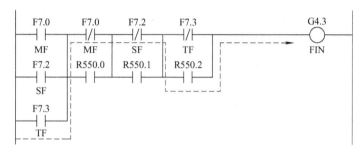

图　6-23

## 6.4　PMC 窗口功能的实现

PMC 窗口指令按照功能可分为窗口读指令和窗口写指令，分别用于读取系统数据和改写系统数据。按执行速度分为高速响应指令和低速响应指令。高速响应指令在一个扫描周期即可完成。低速响应指令需要数个扫描周期，一次只能执行一个低速指令，数个低速响应指令不能同时执行，一个低速响应指令执行完成后（W = 1），需要将其 ACT 复位为"0"。格式如图 6-24 所示。

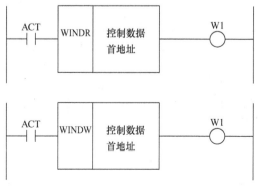

图　6-24

控制数据格式和内容见表6-12。

表 6-12

| 首地址 | +0 | 功能代码 |
|---|---|---|
| | 2 | 结束代码 |
| | 4 | 数据长库（M）<br>（数据区的字节长度） |
| | 6 | 数据数 |
| | 8 | 数据属性 |
| | 10<br>～ | 读取数据区 ～ |

1) 控制数据区可以选择 R 地址区和 D 地址区。R 地址区只能在 PMC 中赋值；D 地址区既可以在 PMC 中赋值，又可以在数据表 DATA 界面中直接赋值。

2) 数据指令区 " – " 代表不必指定输入或输出无意义。

3) 所有数据均为二进制。

4) 只有窗口功能正常结束后，输出数据才有效。

5) 结束代码的含义见表6-13。

表 6-13

| 结 束 代 码 | 含 义 |
|---|---|
| 0 | 正常结束 |
| 1 | 错误（功能代码无效） |
| 2 | 错误（数据块长度无效） |
| 3 | 错误（数据数无效） |
| 4 | 错误（数据属性无效） |
| 5 | 错误（数据无效） |
| 6 | 错误（不具备相应的功能） |
| 7 | 错误（写保护状态） |

常用功能代码及说明见表6-14。

表 6-14

| 功 能 代 码 | 说 明 | R/W |
|---|---|---|
| 0 | 读取 CNC 系统信息 | R |
| 13 | 读取刀具偏置值 | R |
| 14 | 写入刀具偏置值[1] | W |
| 15 | 读取工件原点偏置值 | R |
| 16 | 写入工件原点偏置值[1] | W |
| 17 | 读取参数[1] | R |
| 18 | 写入参数[1] | W |
| 19 | 读取设定数据[1] | R |

（续）

| 功能代码 | 说　　明 | R/W |
|---|---|---|
| 20 | 写入设定数据[①] | W |
| 21 | 读取宏变量[①] | R |
| 22 | 写入宏变量[①] | W |
| 24 | 读取当前程序号 | R |
| 25 | 读取当前顺序号 | R |
| 26 | 读取各轴的实际速度值 | R |
| 27 | 读取各轴的绝对位置（绝对坐标值） | R |
| 28 | 读取各轴的机械位置（机械坐标值） | R |
| 29 | 读取各轴（G31）跳过位置 | R |
| 32 | 读取模态数据 | R |
| 33 | 读取诊断数据[①] | R |
| 34 | 读取伺服电动机负载电流值（A/D转换数据） | R |
| 50 | 读取主轴实际速度 | R |
| 150 | 程序检测界面输入数据[①] | W |
| 151 | 读取时钟数据（日期和时间） | R |
| 152 | 写入伺服电动机转矩限制数据[①] | W |
| 153 | 读取主轴电动机负载信息（串行接口） | R |
| 155 | 读取设定数据 | R |
| 156 | 读取诊断数据 | R |
| 74 | 读取各轴的相对位置 | R |
| 75 | 读取剩余移动量 | R |
| 76 | 读取CNC状态信息 | R |
| 59 | 读P代码宏变量的数值[①] | R |
| 60 | 写P代码宏变量的数值[①] | W |
| 90 | 读当前程序号（8位程序号） | R |
| 194 | 指定I/O Link轴用程序号 | W |
| 249 | 预置相对坐标[①] | W |

注：1. 详细内容见FANUC PMC编程说明书。

2. 窗口功能指令控制数据分为输入数据和输出数据，输入数据是指在使用窗口前，需要用NUMEB赋值指令输入的相应数据。输出数据是指执行完窗口指令后读取或写入的数据，见表6-15。

[①] 指低速响应。

表 6-15

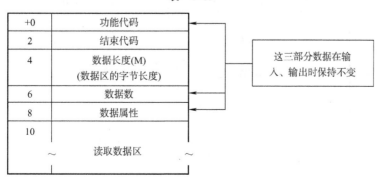

| +0 | 功能代码 | |
|---|---|---|
| 2 | 结束代码 | |
| 4 | 数据长度(M)<br>(数据区的字节长度) | 这三部分数据在输入、输出时保持不变 |
| 6 | 数据数 | |
| 8 | 数据属性 | |
| 10 | | |
| ～ | 读取数据区 ～ | |

### 6.4.1 读参数功能应用（功能代码17）

读参数功能可读出系统参数，如位置等系统状态信息，以便进行相应处理。具体说明如下：

1）读取 CNC 的参数。CNC 参数分为位型参数、字节型参数（8 位）、字型参数（16 位）和双字型参数（32 位）。

2）读参数指令不能以位为单位读取，参数中的 8 位（1 字节）必须同时读取，即读取位参数时，只能以 8 位的形式读取。

3）轴参数可以读取指定轴数据，也可以一次读取所有轴数据。

4）读取螺距补偿数据要在补偿号加上 10000 作为参数号。

5）PMC 类型为 SB5/6/7，不能读取 9000～9011 号的参数。

6）如表 6-16 所示，需要在第 0 字节起始的一个字的地址输入功能代码，本窗口的功能代码是 17。所谓一个字，包含 0～1 字节，一共有 16 位数据，以下类同。

7）在第 6 字节起始的字地址中输入参数号，第 8 字节起始的字地址中输入轴选择数据，其余不需要设定。

8）如表 6-17 所示，执行窗口读指令后，读出的参数数据保存在第 10 个字节起始的地址中。

输入数据构成见表 6-16；输出数据构成见表 6-17。

表 6-16

| +0 | 功能代码<br>17 | |
|---|---|---|
| 2 | 结束代码<br>－<br>(不需设定) | |
| 4 | 数据长度<br>－<br>(不需设定) | |
| 6 | 数据号<br>$N$<br>($N$=参数号) | |
| 8 | 数据属性<br>$M$<br>($M$=1～$n$或-1) | $M$=0:　非轴型参数<br>$M$=1～$n$:　指定轴号<br>$M$=-1:　所有轴 |
| 10<br>～<br>4? | 数据区<br>－<br>(不需设定) | ～ |

**举例：** 读取参数 No. 1321 的 X、Y、Z 的值，即负向软限位，1321 的值为轴型双字型数据。

表　6-17

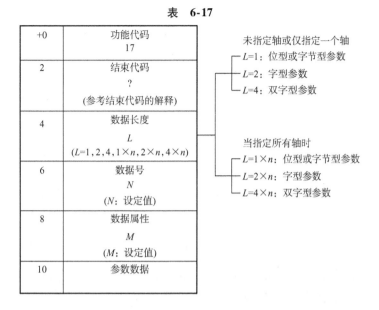

设 1321 参数的值为（X－15000，Y－20000，Z－25000）。选择 PMC 控制数据的首地址为 D100，所以 D100 赋值 17。D106 对应参数号，赋值 1321。D108 赋值 －1，所有轴有效，如图 6-25 所示。

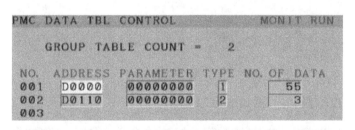

图　6-25

**图 6-25 中数据格式的说明如下：**

数据表参数 PARAMETER 设为 00000000，第 0 位（#0）设为 0，表示数据格式为二进制。

D000～D109 数据区的 TYPE 设为 1，1 表示是字类型数据，即占用两个字节，16 位数据。

这样分区为 D0000～D0001 一组，D0002～D0003 一组，D0004～D0005 一组，D0006～D0007 一组，D0008～D0009 一组……一直到 D0109 结束。

D110 开始的数据区保存参数 1321 的值，因参数 1321 的值为双字型，所以 TYPE 设为 2，表示是双字类型数据，即占用四个字节，D0110～D0113 为一组，D0114～D0117 为一组，D0118～D0121 为一组，一直到 DATA 数据表终点。

通过数据表分区，为窗口指令保存数据做好准备。

实现读取参数 No.1321 值的 PMC 梯形图如图 6-26 所示。图 6-26 说明：R9091.1 是 FANUC 常为 1 的触点，0002 表示占用两个字节数据（一个字 16 位），即第一个 NUMEB 指令占用 D100、D101，赋值 17 代表执行读取 CNC 的参数。

第二个 NUMEB 指令占用 D106、D107，赋值 1321，代表读取参数 1321 的值。

R9091.1
NUMEB
0002
00000017
D100
R9091.1
NUMEB
0002
00001321
D106
R9091.1
NUMEB
0002
-00000001
D108

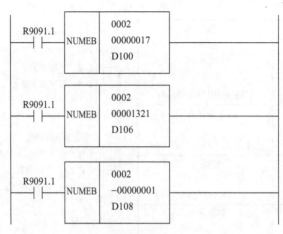

图 6-26

第三个 NUMEB 指令占用 D108、D109，赋值 -1，代表读取参数 1321 的所有轴数据。数据表的 D100 起始区存储数据如图 6-27 所示。

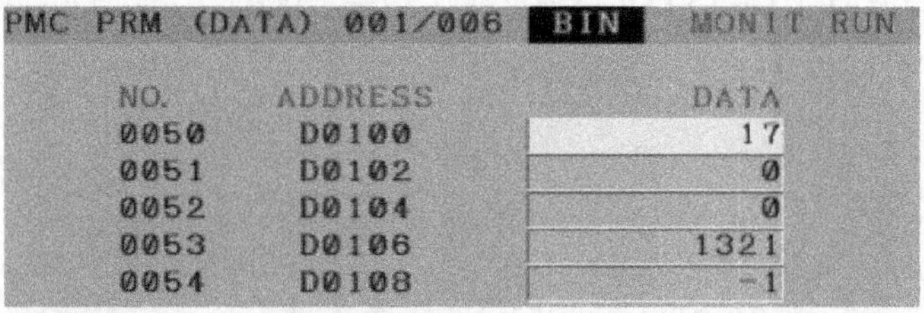

PMC PRM (DATA) 001/006 BIN MONIT RUN
NO. ADDRESS DATA
0050 D0100 17
0051 D0102 0
0052 D0104 0
0053 D0106 1321
0054 D0108 -1

图 6-27

CNC 中参数 1321 存储的数据如图 6-28 所示。

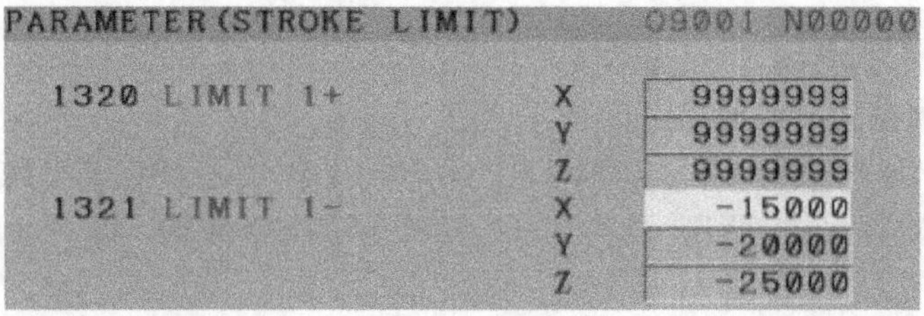

PARAMETER(STROKE LIMIT) O9001 N00000
1320 LIMIT 1+
X 9999999
Y 9999999
Z 9999999
1321 LIMIT 1-
X -15000
Y -20000
Z -25000

图 6-28

完成窗口读的 PMC 梯形图如图 6-29 所示。

R600.0
WINDR
D100
R600.0

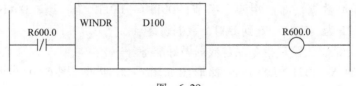

图 6-29

图 6-29 说明：窗口读指令将参数 1320 的数据读入 D110 ~ D113、D114 ~ D117、D118 ~ D121 各四个字节中，双字类型数据。因为是低速响应，每次只能执行一个低速指令，所以

用完成后的线圈 R600.0 的常闭触点关断窗口读指令。

图 6-30 所示为窗口读指令完成后，将系统参数 1321 的值读入 D110 起始的数据中，D110 ~ D113 保存 X 轴数据，D114 ~ D117 保存 Y 轴数据，D118 ~ D121 保存 Z 轴数据。

| PMC PRM (DATA) 002/001 | **BIN** | MONIT RUN |
| --- | --- | --- |
| NO. | ADDRESS | DATA |
| 0000 | D0110 | −15000 |
| 0001 | D0114 | −20000 |
| 0002 | D0118 | −25000 |

图 6-30

### 6.4.2 写参数功能应用（功能代码 18）

写参数功能可写入系统参数，如刀补等系统状态信息，进行相应处理。具体说明如下：

1）写 CNC 的参数。CNC 参数分为位型参数、字节型参数（8 位）、字型参数（16 位）、双字型参数（32 位）。

2）写参数指令不能以位为单位进行写操作，参数中的8位（1字节）必须一次写入。

3）轴参数可以改写指定轴数据，也可以一次改写所有轴数据。

4）一些参数修改后会引起 P/S000 报警，重启系统后生效。

5）如表 6-18 所示，需要在第 0 字节起始的字地址输入功能代码，本窗口是 18。

6）第 4 字节起始的字地址设定数据长度，第 6 字节起始的字地址输入参数号，第 8 字节起始的字地址选择轴，第 10 字节起始的字地址输入要写入的参数值。

输入数据构成见表 6-18，输出数据构成见表 6-19。

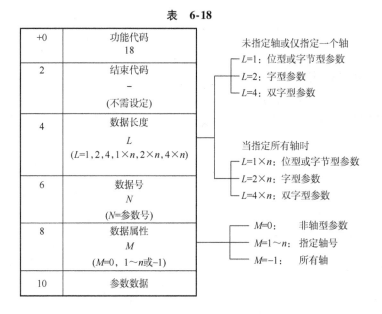

表 6-18

| +0 | 功能代码 18 |
| --- | --- |
| 2 | 结束代码 − （不需设定） |
| 4 | 数据长度 L （L=1,2,4,1×n,2×n,4×n） |
| 6 | 数据号 N （N=参数号） |
| 8 | 数据属性 M （M=0,1~n或−1） |
| 10 | 参数数据 |

未指定轴或仅指定一个轴
— L=1：位型或字节型参数
— L=2：字型参数
— L=4：双字型参数

当指定所有轴时
— L=1×n：位型或字节型参数
— L=2×n：字型参数
— L=4×n：双字型参数

— M=0：非轴型参数
— M=1~n：指定轴号
— M=−1：所有轴

表 6-19

| +0 | 功能代码 18 |
| --- | --- |
| 2 | 结束代码 ? （参考结束代码的解释） |
| 4 | 数据长度 L （L：设定值） |
| 6 | 数据号 N （N：设定值） |
| 8 | 数据属性 M （M：设定值） |
| 10 | 参数数据 |

**举例**：将参数 No.100 第三位（#3）改为 1（原来数值 00100000，十进制值为 32。修改后 00101000，十进制值为 40。位操作不能单独执行，只能以字节形式整体操作）。本例起始地址为 D100。

如图 6-31 所示，设定 D100 = 18（功能代码 18），D104 = 1（数据长度为字节型），D106 = 100（写入的参数号），D110 = 40（写入参数 No.100 的修改数据）。

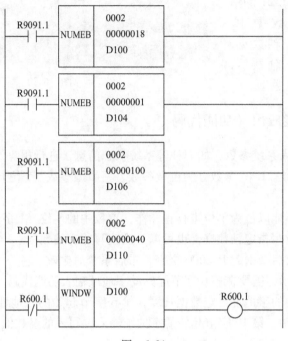

图 6-31

### 6.4.3 在程序检查界面输入数据（功能代码 150）

在程序界面可以显示主轴刀号及下一把待换刀的刀号，使程序检查界面更清晰友好。输入数据构成见表 6-20，输出数据构成见表 6-21。

表 6-20

| +0 | 功能代码<br>150 | |
|---|---|---|
| 2 | 结束代码<br>–<br>(不需设定) | |
| 4 | 数据长度<br>4 | |
| 6 | 数据号<br>N<br>(N=0, 1) | |
| 8 | 数据属性<br>0 | 值 |
| 10 | 主轴刀具号数据<br>(4个字节)<br>或下一个刀具号数据<br>(4个字节) | 无符号二进制 |

N=0：主轴刀具号(8位)
N=1：下一刀具号(8位)

表 6-21

| +0 | 功能代码<br>150 | |
|---|---|---|
| 2 | 结束代码<br>?<br>(参考结束代码的解释) | |
| 4 | 数据长度<br>L<br>输入数据 | N=0：主轴刀具号(8位) |
| 6 | 数据号<br>N<br>输入数据 | N=1：下一刀具号(8位) |
| 8 | 数据属性<br>-<br>输入数据 | 值 |
| 10 | 主轴刀具号数据<br>(4个字节)<br>或下一个刀具号数据<br>(4个字节) | 无符号二进制 |

相关参数见表6-22。具体说明如下：

参数 3105#2（DPS）设为1，显示实际主轴速度和 T 代码（刀具号）。

参数 3108#6（SLM）设为0，不显示主轴负载表；设为1，显示主轴负载表。

参数 3108#2（PCT）设为0，显示程序指令的 T 代码（T）；设为1，显示 PMC 指令的 T 代码（HD. T/NX. T）。

HD. T：当前刀具号；NX. T：预选刀具号。

表 6-22

| 3105#2<br>（DPS） | 3108#6<br>（SLM） | 3108#2<br>（PCT） | 对应参数显示的内容 |
|---|---|---|---|
| 1 | 0 | 0 | S   0 T0000<br>显示主轴速度和程序中的 T 代码（刀具号） |
| 1 | 1 | 1 | S   0 L 0% 显示主轴速度和负载<br>G00 G25 G18 F M<br>G97 G22 G13.1 S<br>G69 G80<br>G99 G67<br>G21 G54<br>G40 G64 SACT 0<br>HD. T 1NX. T 2<br>显示当前刀具号（HD. T），本界面为 1 号刀<br>显示预选刀具号（NX. T），本界面为 2 号刀 |

注：1. FANUC 0i－Mate TB/C 不支持该功能。

2. 界面中的主轴负载表显示仅对串行主轴有效。

3. FANUC 0i－D/0i Mate D 的参数 3108#2 设为 1、13200#1 设为 1。

**举例：显示主轴刀具号和预选刀具号**

本例使用 R 地址区，起始地址分别为 R150 和 R200。梯形图如图 6-32～图 6-42 所示。

梯形图图 6-32 说明：R150 赋值 150，执行功能代码 150。

梯形图图 6-33 说明：R154 赋值 4，数据长度为 4。

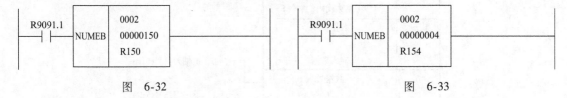

图 6-32　　　　　　　　　　图 6-33

梯形图图 6-34 说明：R156 赋值 0，显示主轴刀具号。

梯形图图 6-35 说明：D0000 保存的主轴刀具号赋值给 R160，显示主轴刀具号，本例中 PMC 程序将主轴刀具号存放在 D0000 中。

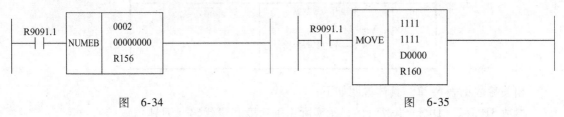

图 6-34　　　　　　　　　　图 6-35

梯形图图 6-36 说明：R9091.5 为 200ms 的循环信号，其中 104ms 导通，96ms 关断，可以使窗口读写指令周期性关断和启动。

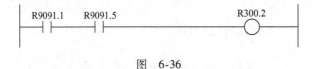

图 6-36

梯形图图 6-37 说明：执行窗口写指令，将主轴刀具号显示在屏幕上。

梯形图图 6-38 说明：R200 赋值 150，执行功能代码 150。

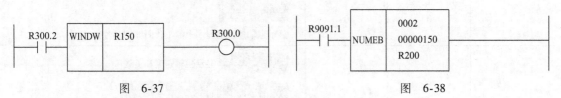

图 6-37　　　　　　　　　　图 6-38

梯形图图 6-39 说明：R204 赋值 4，数据长度为 4。

梯形图图 6-40 说明：R206 赋值 1，显示预选刀具号。

梯形图图 6-41 说明：F26 保存的预选刀具号赋值给 R210，显示待选刀具号。

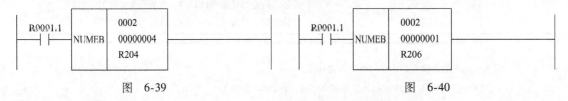

图 6-39　　　　　　　　　　图 6-40

梯形图图6-42 说明：执行窗口写指令，将预选刀具号显示在屏幕上。此处使用 R300.2 常闭触点，是因为低速指令每次只能执行一个指令，所以和图6-37 中窗口写指令的 R300.2 常开触点互锁，保证同时只能执行一个低速窗口指令。

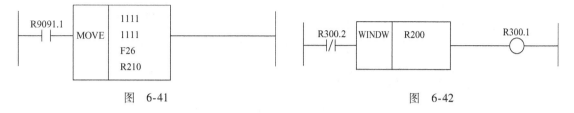

图　6-41　　　　　　　　　　　　　　图　6-42

窗口指令使用步骤：

1）通过 R 或 D 地址和赋值 NUMEB 给功能代码指令的输入控制数据赋值。

2）使用 WIDR 或 WIDW 执行。

3）确认结束。低速响应执行完后，复位 ACT 信号，高速响应不用复位。

## 6.5　PMC 程序与用户宏程序控制功能的实现

### 1. 宏程序的功能

系统提供了用户宏程序功能，使用户可以对数控系统进行一定的功能扩展。实际上是数控系统对用户的开放，也可视为用户可以利用数控系统提供的工具，在数控系统的平台上进行二次开发。

### 2. 宏程序的特点

1）可以使用变量并给变量赋值。

2）变量之间可以运算。

3）程序运算可以跳转。

宏程序的类型及功能见表6-23。

表　6-23

| 变　量　名 | | 类　　型 | 功　　　能 |
|---|---|---|---|
| #0 | | 空变量 | 该变量总是空，没有值能赋予该变量 |
| 用户变量 | #1 ~ #33 | 局部变量 | 局部变量只能在宏程序中存储数据，如运算结果等<br>断电时，局部变量初始化为空<br>可在程序中对其赋值 |
| | #100 ~ #199<br>#500 ~ #999 | 公共变量 | 公共变量在不同的宏程序中的意义相同，即公共变量对于主程序和被这些主程序调用的每个宏程序来说是公用的<br>#100 ~ #199 的数据：断电时清除（初始化为空），通电时复位为0<br>#500 ~ #999 的数据：断电时保持，即使断电也不清除 |
| 系统变量 | #1000 以上 | 系统变量 | 由系统定义，系统变量用法是固定的，用户必须严格按规定使用。用于读写 CNC 的各种数据，如刀具当前位置和补偿值等 |

PMC 和 CNC 接口信号的系统变量如图 6-43 所示。

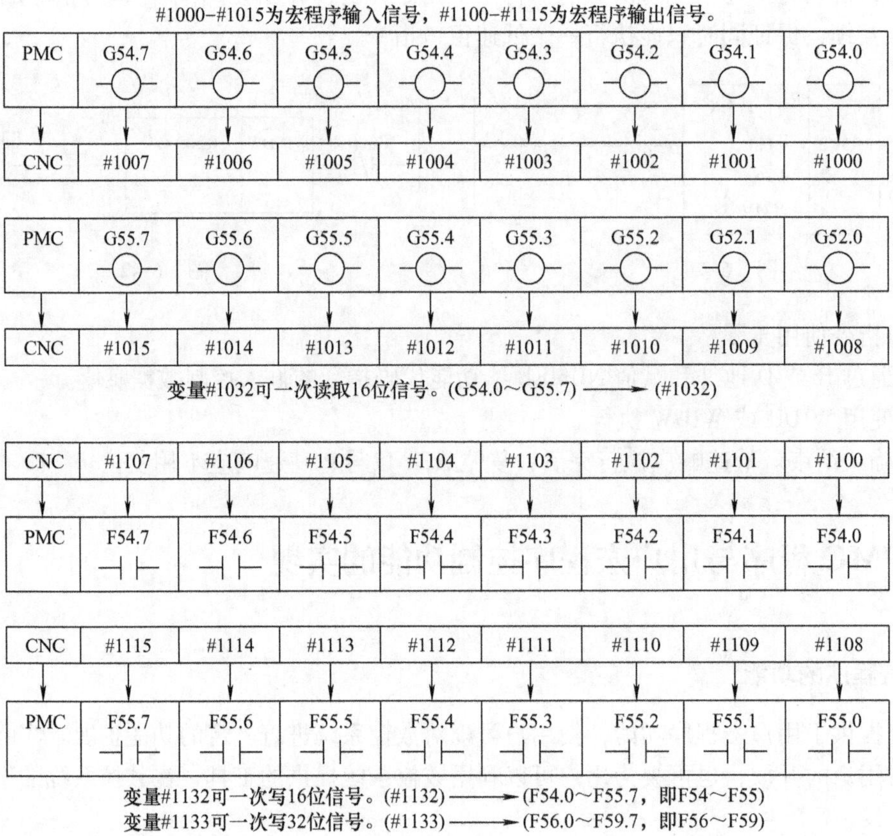
#1000-#1015为宏程序输入信号，#1100-#1115为宏程序输出信号。
PMC
G54.7
G54.6
G54.5
G54.4
G54.3
G54.2
G54.1
G54.0
CNC
#1007
#1006
#1005
#1004
#1003
#1002
#1001
#1000
PMC
G55.7
G55.6
G55.5
G55.4
G55.3
G55.2
G52.1
G52.0
CNC
#1015
#1014
#1013
#1012
#1011
#1010
#1009
#1008
变量#1032可一次读取16位信号。(G54.0～G55.7) ——→ (#1032)
CNC
#1107
#1106
#1105
#1104
#1103
#1102
#1101
#1100
PMC
F54.7
F54.6
F54.5
F54.4
F54.3
F54.2
F54.1
F54.0
CNC
#1115
#1114
#1113
#1112
#1111
#1110
#1109
#1108
PMC
F55.7
F55.6
F55.5
F55.4
F55.3
F55.2
F55.1
F55.0
变量#1132可一次写16位信号。(#1132) ——→ (F54.0～F55.7，即F54～F55)
变量#1133可一次写32位信号。(#1133) ——→ (F56.0～F59.7，即F56～F59)

图　6-43

**3. 举例：宏程序和 PMC 的信号传递**

程序 O0001；

N001 G91 G01 X10.0 F1000；

N002 IF[#1000 EQ 1] GOTO 100；梯形图 G54.0 得电，使得变量#1000 = 1

N003 G91 G03 Z0 M19；

N004 #1100 = 1；变量#1100 = 1，使得触点 F54.0 闭合导通

N100 M30；

%

PMC 梯形图如图 6-44 所示。

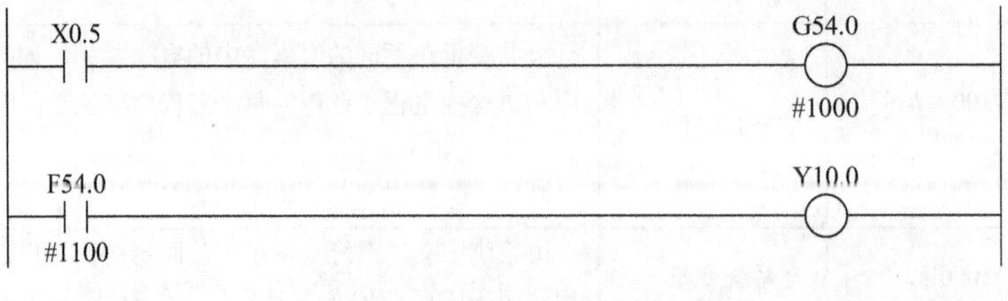
X0.5
G54.0
#1000
F54.0
#1100
Y10.0

图　6-44

梯形图图 6-44 说明：当 X0.5 为 1 时，G54.0 线圈得电，同时对应的#1000 = 1。在程序 O0001 中，在 N002 中判断#1000 等于（EQ）1，执行 GOTO 100，跳转到程序结束 M30，即 X0.5 导通，可以控制 CNC 程序跳转。

当 O0001 程序中，执行#1100 = 1，即给变量#1100 赋值 1，同时梯形图 F54.0 常开触点闭合，Y10.0 得电，即 CNC 程序中#1100 可以控制 PMC 输出线圈 Y10.0。

**总结：** 在 PMC 中，G54.0 ~ G55.7 线圈得电，在 CNC 程序中，对应变量#1000 ~ #1015 值为 1，可以执行判断、运算等操作，即梯形图线圈的值传递给程序中的变量。

在 CNC 程序中给变量#1100 ~ #1115 赋值 1（如#1100 = 1），在 PMC 中对应的 F54.0 ~ F55.7（┤├）闭合导通，即 CNC 程序中的变量值传递给 PMC 中的触点。

**4. 举例：#1132 在主轴定向中的应用**（本例使用外部定向，需要将参数 3702#2 设为 1）

参数 3702#2（OR 1）（FANUC 0i - D 对应参数 3279#0）对应第一主轴电动机是否使用停止位置外部设定型准停功能。

OR 为 0，不使用停止位置外部设定准停功能。使用参数 4031 或 4077 调整主轴定向角度。

OR 为 1，使用停止位置外部设定准停功能。用 G78、G79（G78.0 ~ G79.3）调整主轴定向角度。

PMC 梯形图如图 6-45 所示。

梯形图图 6-45 说明：译码指令 M19 对应输出 R102.3，激活 G70.6 主轴定向接口信号，此时 M19 执行主轴定向

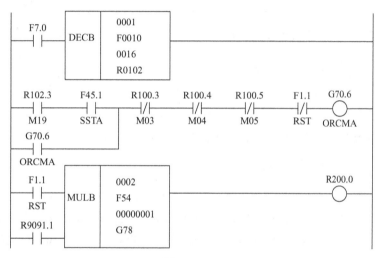

图 6-45

功能。乘运算 MULB 执行（F54 ~ F55）×1→（G78 ~ G79），G78.0 ~ G79.3 为主轴外部定向停止设定值，设定范围为 0 ~ 4095。

#1132 设定不同值，同步输送给 F54 ~ F55，又由乘法运算输送给 G78 ~ G79，这样便可由变量#1132 决定主轴定向角度的偏移量。

## 6.6　PMC 外部报警功能的实现

FANUC 报警分成两大类：内部报警和外部报警。内部报警是 FANUC 系统根据它所控制的伺服放大器、串行主轴放大器、NC 本体等的运行状态来产生相应的报警文本，这类报警是系统本身所固有的。另一类为外部报警，主要是机床厂针对所设计的机床外围的运行状态用 PMC 编写的机床报警文本。机床报警具体内容见表 6-24。

表 6-24

| 信 息 号 | CNC 屏幕 | 显 示 内 容 |
|---|---|---|
| 1000～1999 | 报警信息屏 | 报警信息<br>CNC 转到报警状态<br>中断当前操作<br>通过 PMC 中信息继电器 A 来启动 |
| 2000～2099 | 操作信息屏 | 操作信息<br>不会中断当前操作<br>通过 PMC 中信息继电器 A 来启动 |
| 2100～2999 | 操作信息屏 | 操作信息（无信息号）<br>只显示信息数据，不显示信息号<br>通过 PMC 中信息继电器 A 来启动 |
| 宏程序报警 3000～3200 | | CNC 停止运行且报警<br>通过系统变量产生报警文本<br>#3000 = 0～200。 |

信息显示指令如图 6-46 所示。

**1. 信息显示条件**

ACT = 0，系统不显示任何信息。

ACT = 1，依据各信息显示请求地址位

图 6-46

的状态，显示信息数据表中的信息。每条信息最多 255 个字符，在此范围内编制信息。

**2. 显示信息数**

显示信息数用于设定显示信息的个数。

FANUC 梯形图编程软件在 Message 中编写外在机床报警，如图 6-47 所示。

在 Message 菜单下选择 "Message Editing"，在从 A0.0 开始的信息继电器中编写报警号和报警内容，如图 6-48 所示。

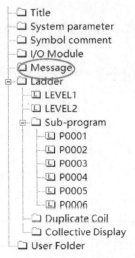

图 6-47

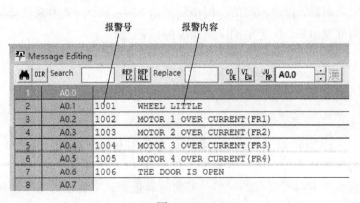

图 6-48

198

### 3. 举例：气缸夹紧松开报警

气缸两端有检测开关 X3.0、X3.1，这两个开关总是一个闭合，另一个导通。两个开关同时导通或关断都是错误的状态，会产生报警，如图 6-49 所示。

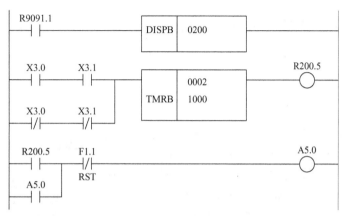

图　6-49

Message 中编写报警如下所示：

| 41 | A5.0 | 1440 气缸夹紧松开故障 |
|----|------|------------------|

程序说明：常为 1 的触点 R9091.1 使得信息显示功能生效，最多可以显示 200 条。X3.0、X3.1 同时导通或者同时关断后，延时 1000ms，信息继电器 A5.0 得电，产生报警。因为报警号是 1440，所以系统产生报警，停止运行。

### 4. 举例：切削液液位检测

液位开关地址 X6.3，如图 6-50 所示。

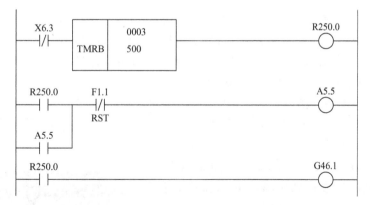

图　6-50

Message 中编写报警如下所示：

| 46 | A5.5 | 2050 切削液液位低 |
|----|------|----------------|

程序说明：液位开关断开，X6.3常闭触点导通，延时500ms后，A5.5得电报警。因为报警号在2000以上，所以为操作信息，系统不中断操作。图6-50中因为同时激活G46.1信号（G46.1是执行单段功能的PMC接口信号），所以系统执行完当前的程序段后停止，不再执行下一行程序，保持停止状态。

# 6.7 机械手换刀PMC程序的编制方法

### 1. 换刀检测信号

换刀检测信号采用接近开关，自左向右分别为刹车确认信号、扣刀位确认信号、原位确认信号，如图6-51信号，此时机械手在原位。

信号轴用来启动接近开关。在三线式接近开关中，棕色线为直流24V的电源线，蓝色线为0V线，黑色线为信号线。接近开关分为PNP和NPN型。PNP常开型接近开关对应凹槽位置时，开关截止，黑色线通过下拉电阻输出0V；凹槽位置以外，开关导通，黑色线输出24V。NPN常开型接近开关对应凹槽位置时，信号截止，黑色线通过上拉电阻输出24V；凹槽位置以外，开关导通，黑色线输出0V。下面以NPN常开型接近开关为例进行讲解。

刹车确认信号的作用是当信号对应到凹槽位置时，信号导通，切断机械手电动机及抱闸线圈的电源。机械手在扣刀位时，扣刀位确认信号对应凹槽位置，表示机械手在扣刀位置。机械手在原位位置时，原位确认信号对应凹槽位置，表示机械手在原位位置。本例中刹车确认信号的地址为X5.0，扣刀位确认信号的地址为X5.1，原位确认信号的地址为X5.2。

图 6-51

### 2. 信号轴上的凹槽

本书中的机械手一共有三个位置，分别为机械手原位、机械手扣刀位、机械手换刀位。

机械手原位对应凹槽位置如图6-52所示，此时刹车确认信号X5.0和机械手原位确认信号X5.2导通，在梯形图中的常开触点导通。

机械手扣刀位对应凹槽位置如图6-53所示，此时刹车确认信号X5.0和机械手扣刀位确认信号X5.1导通，在梯形图中的常开触点导通。

机械手进行拔刀、旋转180°、插刀动作后，此位置称为机械手换刀位，对应凹槽位置如图6-54所示，此时刹车确认信号X5.0和机械手扣刀位确认信号X5.1导通，与图6-53相同，实际上和机械手扣刀位相同，在梯形图中的常开触点导通。

需要注意的是，有的机械手信号对应凹槽位置时，梯形图中的常闭触点导通。

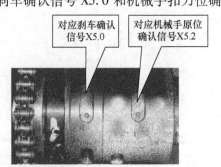

图 6-52

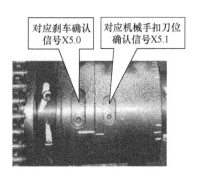

图 6-53　　　　　　　　　　　　　　　图 6-54

### 3. 机械手电动机

机械手电动机和抱闸线圈得电后，带动机械手旋转，如图 6-55 所示。机械手转到相应位置后，机械手电动机的三相电源以及抱闸线圈的电源切断，机械手停转。本例中机械手电动机和抱闸线圈对应的输出信号为 Y6.0。

图 6-55

### 4. 机械手换刀程序

本书中的机械手换刀程序通过译码指令 DECB 将 M06 转换成信号 R10.3，将刀套翻下、机械手扣刀、主轴松刀吹气、机械手拔刀、旋转 180°换刀、插刀、主轴紧刀、机械手回原位等动作用梯形图一次完成，不使用 M 代码分步实现。

（1）刀套翻下　动作如图 6-56 所示。梯形图如图 6-57 所示。

梯形图说明：如图 6-57 所示，加工

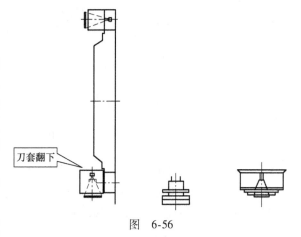

图 6-56

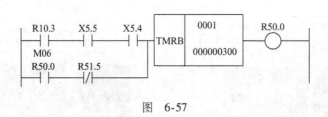

图 6-57

程序中有 M06 时，梯形图中对应的常开触点 R10.3 闭合，主轴紧刀信号 X5.5、刀套翻上信号 X5.4 导通，延时 300ms，R50.0 线圈得电自锁，控制刀套翻下输出信号 Y6.1，如图 6-76 所示。

（2）机械手扣刀　动作如图 6-58 所示。梯形图如图 6-59 所示。

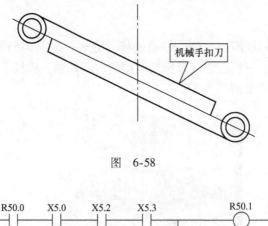

图 6-58

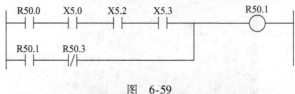

图 6-59

梯形图说明：如图 6-59 所示，刀套翻下信号 X5.3、机械手原位确认信号 X5.2、机械手刹车确认信号 X5.0 导通，R50.1 线圈得电，输出 Y6.0 线圈得电，如图 6-75 所示，机械手电动机工作。

1）机械手扣刀进行中：梯形图如图 6-60 所示。

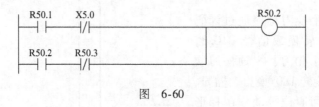

图 6-60

梯形图说明：如图 6-60 所示，机械手离开原位后，刹车确认信号 X5.0 断开，用 X5.0 的常闭点控制 R50.2 得电，机械手电动机持续得电旋转。

2）机械手到扣刀位：梯形图如图 6-61 所示。

图 6-61

梯形图说明：如图 6-61 所示，刹车确认信号 X5.0 再次导通，R50.3 得电，切断 R50.1、R50.2，机械手电动机断电。需要说明的是，此时机械手扣刀位确认信号 X5.1 也导通，作为机械手到达扣刀位的到位信号。

（3）主轴松刀吹气 梯形图如图 6-62 所示。

图 6-62

梯形图说明：如图 6-62 所示，刹车确认信号 X5.0、机械手扣刀确认信号 X5.1、主轴紧刀信号 X5.5 导通，R50.4 得电，主轴松刀吹气输出信号 Y6.2 为 1，如图 6-77 所示。

（4）机械手拔刀、旋转 180°换刀、插刀 动作如图 6-63 所示。梯形图如图 6-64 所示。

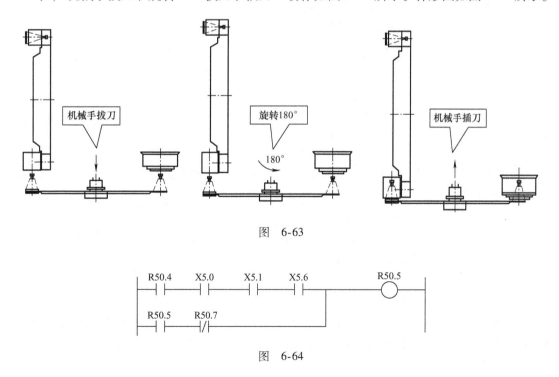

图 6-63

图 6-64

梯形图说明：如图 6-64 所示，刹车确认信号 X5.0、机械手扣刀确认信号 X5.1、主轴松刀信号 X5.6 导通，R50.5 为 1，输出 Y6.0 线圈得电，如图 6-75 所示，机械手电动机得电旋转。

1）机械手拔刀、旋转180°换刀、插刀进行中：梯形图如图6-65所示。

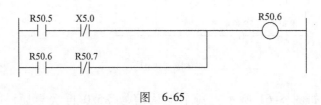

图 6-65

梯形图说明：如图6-65所示，机械手离开扣刀位，刹车确认信号X5.0断开，用X5.0的常闭点控制R50.6得电，机械手电动机持续旋转。

2）机械手到扣刀位：梯形图如图6-66所示。

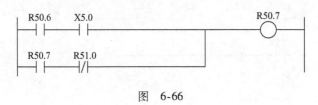

图 6-66

梯形图说明：如图6-66所示，刹车确认信号X5.0再次导通，R50.7得电，切断R50.5、R50.6，机械手电动机断电停转。同样需要说明的是，此时机械手扣刀位确认信号X5.1也导通，作为机械手到达扣刀位的到位信号。

（5）主轴紧刀　梯形图如图6-67所示。

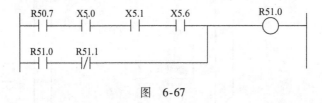

图 6-67

梯形图说明：如图6-67所示，刹车确认信号X5.0、机械手扣刀确认信号X5.1、主轴松刀信号X5.6导通，R51.0得电，主轴松刀吹气输出信号Y6.2断电，如图6-77所示。

（6）机械手回原位　动作如图6-68所示。梯形图如图6-69所示。

梯形图说明：如图6-69所示，刹车确认信号X5.0、机械手扣刀确认信号X5.1、主轴紧刀信号X5.5导通，R51.1为1，输出Y6.0线圈得电，如图6-75所示，机械手电动机得电旋转。

1）机械手回原位进行中：梯形图如图6-70所示。

梯形图说明：如图6-70所示，机械手离开扣刀位，刹车信号X5.0断开，用X5.0的常闭点控制R51.2得电，机械手电动机持续旋转。

2）机械手到原位：梯形图如图6-71所示。

梯形图说明：如图6-71所示，刹车确认信号X5.0再次导通，R51.3得电，切断R51.1、R51.2，机械手电动机断电。需要说明的是，此时机械手原位信号X5.2也导通，作为机械手到达原位的到位信号。

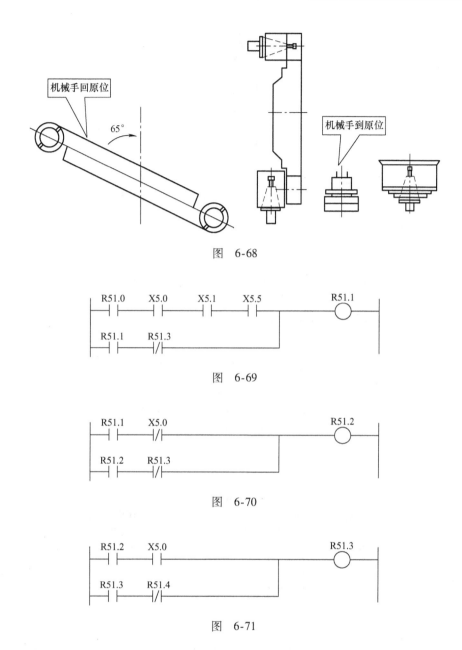

图　6-68

图　6-69

图　6-70

图　6-71

（7）刀套翻上　动作如图6-72所示。梯形图如图6-73所示。

梯形图说明：如图6-73所示，机械手刹车确认信号X5.0、机械手原位确认信号X5.2、刀套翻下信号X5.3导通，R51.4线圈得电，刀套翻下输出信号Y6.1断电，如图6-76所示，刀套翻上。

（8）换刀结束　梯形图如图6-74所示。

梯形图说明：如图6-74所示，刀套翻上信号X5.4、主轴紧刀信号X5.5导通，延时300ms，R51.5线圈得电，切断R50.0，如图6-57所示，换刀可以重新开始。

（9）机械手电动机控制　梯形图如图6-75所示。

梯形图说明：如图6-75所示，机械手扣刀信号R50.1及机械手拔刀、旋转180°换刀、

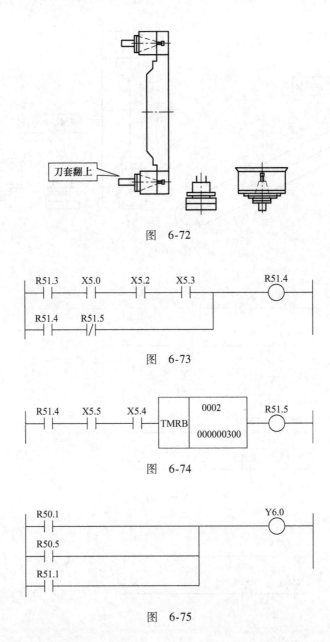

图 6-72

图 6-73

图 6-74

图 6-75

插刀信号 R50.5、机械手回原位信号 R51.1 并联控制输出线圈 Y6.0。Y6.0 控制继电器线圈，继电器触点控制接触器线圈，接触器触点给机械手电动机和抱闸线圈供电，机械手电动机得电旋转三次就可以完成换刀动作。

（10）刀套控制　梯形图如图 6-76 所示。

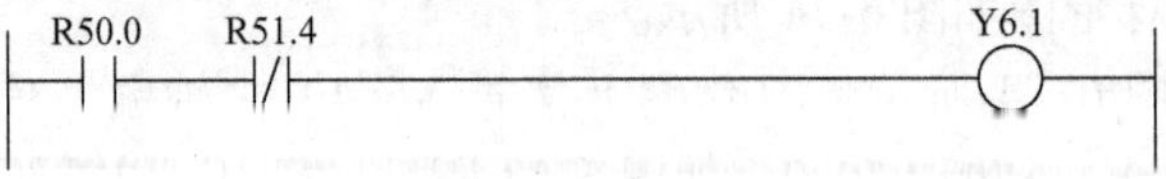

图 6-76

梯形图说明：如图6-76所示，Y6.1得电为1后，控制继电器线圈，继电器触点控制电磁阀，完成刀套翻下。Y6.1失电为0后，刀套翻上。

（11）主轴松刀吹气控制 梯形图如图6-77所示。

图 6-77

梯形图说明：如图6-77所示，Y6.2控制继电器线圈，继电器触点控制电磁阀，完成主轴松刀吹气，主轴紧刀动作由碟簧完成。

刀套及翻上翻下机构如图6-78所示。

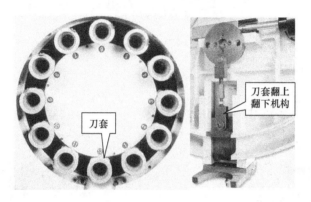

图 6-78

机械手电动机及机械手如图6-79所示。

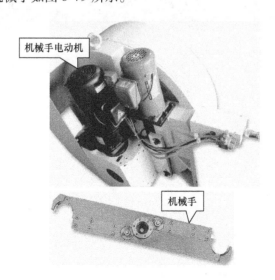

图 6-79

机械手内部结构参照图6-80所示。

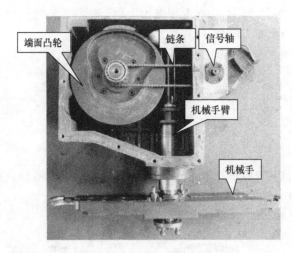

图 6-80

松紧刀结构如图 6-81 所示。

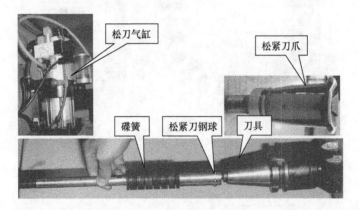

图 6-81

# 第7章　FANUC 0i-F系统调试

## 7.1　基本参数的设定

### 1. 控制轴数

控制轴数对应参数987（对应 FANUC 0i-D 参数8130）。

设定范围：1～最大控制轴数。设定为0时，M系列控制轴数默认为3；T系列默认为2。M系列包括X、Y、Z轴设为3，T系列包括X、Z轴设为2。

### 2. 控制主轴数

控制主轴数对应参数988（对应 FANUC 0i-D 参数3701）。

设定范围：1～最大控制主轴数。设定为0时，控制主轴数默认为1。设定为-1时，控制主轴数为0，因此参数988设定-1时，可以屏蔽主轴。

### 3. 轴名称设定

轴名称设定对应参数1020。具体如下：

X：88，Y：89，Z：90，U：85，V：86，W：87，A：65，B：66，C：67。

M系列设定1020，X：88，Y：89，Z：89。

T系列设定1020，X：88，Z：89。

### 4. 轴属性设定

轴属性设定对应参数1022。具体如下：

0：既不是基本轴，也不是基本轴的平行轴。

1：基本轴的X轴。

2：基本轴的Y轴。

3：基本轴的Z轴。

5：X轴的平行轴。

6：Y轴的平行轴。

7：Z轴的平行轴。

M系列设定1022，X：1，Y：2，Z：3。

T系列设定1022，X：1，Z：3。

### 5. 回转轴设定

回转轴设定对应参数 1006、1008、1260。

1) 参数 1006。具体说明如下：

| 参数 | #7 | #6 | #5 | #4 | #3 | #2 | #1 | #0 |
|------|-----|-----|-----|-----|-----|-----|-----|-----|
| 1006 |  |  |  |  | DIA |  |  | ROT |

某一轴设定为回转轴时，该参数#0（ROT）设为1。具体如下：

#0：ROT，0：直线轴，1：旋转轴。

#3：DIA，0：半径编程，1：直径编程。

| M 系列 | | |
|------|------|------|
|  | 1006#3 | 1006#0 |
| X | 0 | 0 |
| Y | 0 | 0 |
| Z | 0 | 0 |

| T 系列 | | |
|------|------|------|
|  | 1006#3 | 1006#0 |
| X | 1 | 0 |
| Z | 0 | 0 |

2) 参数 1008。具体说明如下：

| 参数 | #7 | #6 | #5 | #4 | #3 | #2 | #1 | #0 |
|------|-----|-----|-----|-----|-----|-----|-----|-----|
| 1008 |  |  |  |  |  | RRL |  | ROA |

#2：RRL，0：相对坐标不按每转移动量循环显示；1：按每转移动量循环显示，即相对坐标在 0~360°之间循环。

#0：ROA，0：旋转轴的绝对坐标值循环显示功能无效；1：旋转轴的循环显示有效，此时需要设定参数 1260 的值。

3) 参数 1260。具体如下：

| 参数 | 旋转轴每转的移动量 |
|------|------|
| 1260 | 360.0（坐标值在 0~360°之间循环显示） |

### 6. 设定单位

1) 参数 1001。具体如下：

| 参数 | #7 | #6 | #5 | #4 | #3 | #2 | #1 | #0 |
|------|-----|-----|-----|-----|-----|-----|-----|-----|
| 1001 |  |  |  |  |  |  |  | INM |

#0：INM，0：直线轴的最小移动单位为米制；1：直线轴的最小移动单位为英制。默认为 0，单位米制。

2）参数 1013。具体如下：

| 参数 | #7 | #6 | #5 | #4 | #3 | #2 | #1 | #0 |
|------|----|----|----|----|----|----|----|----|
| 1013 | | | | | ISEx | ISDx | ISCx | ISAx |

| 设定单位 | | 1013 | | | |
|---------|---|------|---|---|---|
| | | #3 | #2 | #1 | #0 |
| IS－A | 0.01mm | 0 | 0 | 0 | 1 |
| IS－B | 0.001mm | 0 | 0 | 0 | 0 |
| IS－C | 0.0001mm | 0 | 0 | 1 | 0 |
| IS－D | 0.00001mm | 0 | 1 | 0 | 0 |
| IS－E | 0.000001mm | 1 | 0 | 0 | 0 |

默认设置为 0.001mm。

**7. 设定空运行速度**

设定空运行速度对应参数 1410。

**8. 设定各轴 G00 快速运行速度**

设定各轴 G00 快速运行速度对应参数 1420。

**9. 手动快速进给速度**

手动快速进给速度对应参数 1424。

**10. 手动连续进给速度**

手动连续进给速度对应参数 1423。

**11. 各轴最大切削进给速度**

各轴最大切削进给速度对应参数 1430。

**12. 手轮有效**

手轮有效对应参数 8131#0（HPG）。当 8131#0 设为 1 时，手轮有效。手轮倍率设定和回转方向对应的接口信号（G19.5、G19.4）及参数如下：

| G19.5 | G19.4 | 手轮倍率 | 对应参数 | 回转方向 |
|-------|-------|---------|---------|---------|
| 0 | 0 | ×1 | | 7102 #0 |
| 0 | 1 | ×10 | | 0：顺时针 |
| 1 | 0 | ×m | 7113 | 1：逆时针 |
| 1 | 1 | ×n | 7114 | |

### 13. 软限位设定

软限位设定对应参数 1320（各轴移动范围正极限）和 1321（各轴移动范围负极限）。

### 14. 各轴到位宽度设定

各轴到位宽度设定对应参数 1826。当位置偏差量（诊断号 300 的值）的绝对值小于参数 1826 中的值时，定位结束，到达目标位置。一般设定值为 $20\mu m$。若设定的值大，如设定为 $200\mu m$，可以提高效率。

### 15. 各轴移动位置偏差极限

各轴移动位置偏差极限对应参数 1828。给出移动指令后，偏差量超出设定值会产生 SV411 号报警。快速进给时，求出位置移动偏差量，留出 20% 的余量以消除报警。

$$设定值 = \frac{快速移动速度}{60} \times \frac{1}{伺服环增益} \times \frac{1}{检测单位} \times 1.2$$

在实际工作中，以最快速度 G00 移动机床，观察诊断号 300 的值，再乘以 1.2，即可作为参数 1828 的设定值。

### 16. 各轴停止位置偏差极限

各轴停止位置偏差极限对应参数 1829。在没有给出移动指令时，位置偏差量超出参数 1829 中的值时，出现 SV410 报警。通常设为 $500\mu m$。

## 7.2  FSSB（FANUC 串行伺服总线）和 PS 轴的设定

FANUC 0i-F 系统中主轴放大器采用光缆控制，统一到 FSSB 总线上，需要进行 FSSB 设定，如图 7-1 所示。具体设定步骤如下：

1）参数 1902 的 #0 设为 0，FSSB 的设定方式为自动设定。参数 1902 的 #1 设为 0，FSSB 的设定未完成（设定完成，重启，1902#1 自动为 1，表示设定完成）。具体如下：

| 参数 | #7 | #6 | #5 | #4 | #3 | #2 | #1 | #0 |
|------|-----|-----|-----|-----|-----|-----|-----|-----|
| 1902 |  |  |  |  |  |  | ASE | FMD |

#1：ASE，0：自动设定未完成，1：自动设定已完成。

#0：FMD，0：FSSB 设定方式为自动方式，1：FSSB 设定方式为手动方式。

**注意**：参数 1902 #1、1902 #0 设定开始时都设为 0。

2）按照伺服电动机连接顺序设定 1023 的值，设定土轴的连接顺序参数。

① 设置参数 1023 各轴的伺服轴号，本例设定

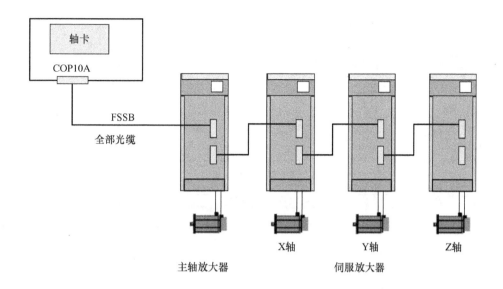

图　7-1

1023　X　1

　　　Y　2

　　　Z　3

② 参数 3706#6 设为 0，为模拟主轴；设为 1，为串行主轴。设置参数 3717 的主轴放大器号。本例设定为

| 3706#6 | 1（串行主轴） |
|---|---|
| 3717 | 1（第一主轴） |

3）进入 FSSB 设定界面（MDI 方式）。

① 伺服放大器设定如图 7-2 所示。操作步骤为：执行 。

轴设定中，离系统最近的驱动器（主轴除外）设为 1，依次为 2、3 等。选择"操作"→"设定"，完成对伺服放大器的设定。

② 主轴放大器设定如图 7-3 所示，主轴号设为 1。

选择"操作"→"设定"，完成对主轴放大器的设定。

③ 关机重启，参数 1902#1 自动变为 1，FSSB 设定完成。

4）进入 PS（电源模块）设定界面。参数 11549#0 设为 1，PS 管理轴自动设定，断电重启，参数 2557 或者 4657 里有值设入，即 PS 管理轴设置成功。

如果不设定 PS 轴，会出现报警：

SP9115（S）PS CONTROL AXIS ERROR 2

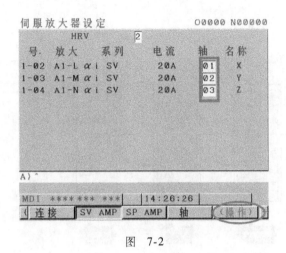

图 7-2

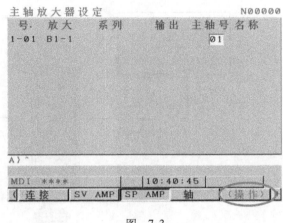

图 7-3

## 7.3 伺服初始化设定

在伺服设定界面设定步骤为：执行 SYSTEM → + → "伺服设定" → "切换"，如图7-4 ~ 图7-6所示。

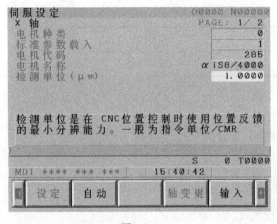

图 7-4

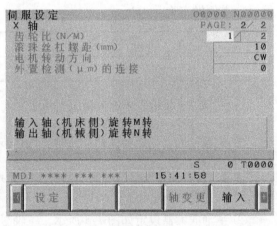

图 7-5

图7-4参数说明如下：

1）电机种类：0为标准电动机（直线轴）；1为标准电动机（旋转轴）。

2）电机代码：在FANUC电动机手册中可查每一种电动机对应的代码。

3）检测单位：1μm。

图7-5参数说明如下：

1）齿轮比：直连1/1，电动机与丝杠之间的减速比。

2）滚珠丝杠螺距：根据丝杠螺距设定。

3）电机转动方向：CW 为顺时针；CCW 为逆时针。

4）外置检测（μm）的连接：0 为半闭环；1 为全闭环。

全闭环设定界面：根据光栅尺实际规格设定。输入完成后，按下"设定"，如图 7-6 所示。设定其他轴，按下"轴变更"，依次完成所有轴的初始化设定。

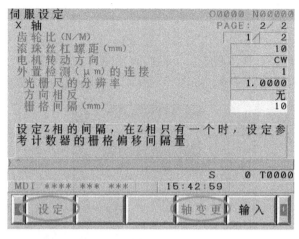

图　7-6

# 7.4　主轴初始化设定

主轴初始化是将存放在驱动器上的参数载入 CNC 上，主轴初始化必须带着主轴驱动器，如图 7-7 和图 7-8 所示。操作步骤为：执行 。

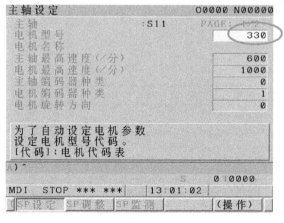

图　7-7

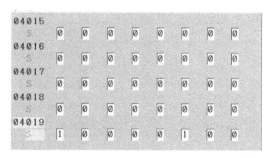

图　7-8

具体操作步骤说明如下：

1）在"电机型号"中输入电机代码，如图 7-7 所示。也可以输入到参数 4133 中。

2）参数 4019#7 设为 1，如图 7-8 所示。

3）断开 NC 和主轴驱动器电源，重新上电。

4）4019#7 = 0 初始化完成。

## 7.5 主轴速度设定

主轴速度控制是由 CNC 送出指令，主轴放大器驱动电动机旋转，机械传动后带动主轴旋转，由主轴编码器检测主轴速度，如图 7-9 所示。主轴速度相关参数功能见表 7-1。

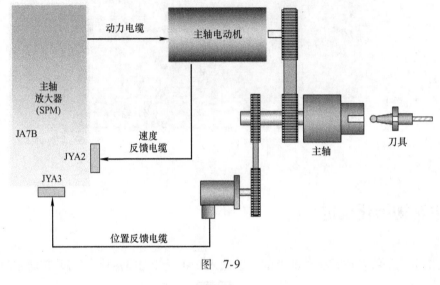

图 7-9

表 7-1

| 参 数 | 功 能 |
|---|---|
| No. 3706 #6 #7 | 主轴电动机的输出极性<br>#6 #7　　说明<br>0　0　　M03 正、M04 负<br>1　0　　M03 负、M04 正<br>0　1　　M03 正、M04 正<br>1　1　　M03 负、M04 负 |
| No. 3735 | 主轴电动机最低钳制转速（M 型），设定见 No. 3736 |
| No. 3736 | 主轴电动机最高钳制转速（M 型）<br>例：电动机最高转速 10000r/min，钳制转速为 5000r/min<br>则 No. 3736 =（5000/10000）× 4095r/min = 2048r/min |
| No. 374 ~ No. 3744 | 主轴各档最高转速单位为 r/min |
| No. 3771 | 主轴电动机最低钳制转速（T 型），设定为 0，不钳制 |
| No. 3772 | 主轴电动机最高钳制转速（T 型），设定为 0，不钳制 |
| No. 3720 | 位置编码器脉冲数，设定值 = 4095 |
| No. 3721 | 位置编码器一侧的齿数 |
| No. 3722 | 主轴一侧的齿数 |
| No. 4020 | 主轴电动机最高转速（单位为 r/min），主轴初始化自动设定 |

# 7.6 主轴位置控制参数设定

## 1. 位置编码器种类

主轴位置编码器分为主轴侧的位置编码器和安装在电动机的内装传感器。

主轴侧的位置编码器又分为 $\alpha_i$ 主轴编码器、$\alpha_{iS}$ 主轴编码器、外置 Bzi/Czi 传感器和外部一转信号（接近开关）。

电动机内装传感器又分为 Mzi 传感器和 Bzi/Czi 传感器。

## 2. 电动机端的传感器设置

1）Mzi 传感器输出信号正弦波，如图7-10所示。同时设置4002参数。

| 参数 | #7 | #6 | #5 | #4 | #3 | #2 | #1 | #0 |
|------|-----|-----|-----|-----|-----|-----|-----|-----|
| 4002 |     |     |     |     |     |     |     | 1 |

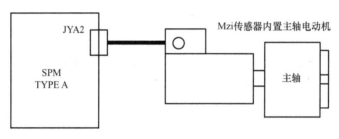

图 7-10

2）Bzi/Czi 传感器内装主轴电动机用传感器，为齿盘结构，正弦波输出，如图7-11所示。同时设置4002参数。

| 参数 | #7 | #6 | #5 | #4 | #3 | #2 | #1 | #0 |
|------|-----|-----|-----|-----|-----|-----|-----|-----|
| 4002 |     |     |     |     |     |     |     | 1 |

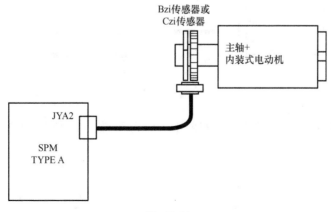

图 7-11

### 3. 主轴端的传感器设置

1）$\alpha_i$主轴编码器输出方波信号，如图7-12所示。同时设置参数4002。

| 参数 | #7 | #6 | #5 | #4 | #3 | #2 | #1 | #0 |
|------|----|----|----|----|----|----|----|----|
| 4002 |    |    |    |    |    |    | 1  |    |

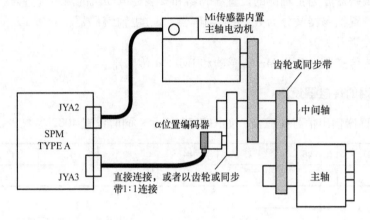

图　7-12

2）$\alpha_{iS}$主轴编码器输出为正弦波，如图7-13所示。同时设置参数4002。

| 参数 | #7 | #6 | #5 | #4 | #3 | #2 | #1 | #0 |
|------|----|----|----|----|----|----|----|----|
| 4002 |    |    |    |    |    | 1  |    |    |

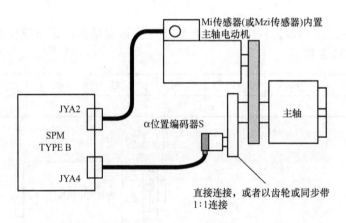

图　7-13

3）外置 Bzi/Czi 传感器齿盘结构输出信号为弦波，如图7-14所示。同时设置参数4002。

| 参数 | #7 | #6 | #5 | #4 | #3 | #2 | #1 | #0 |
|------|----|----|----|----|----|----|----|----|
| 4002 |    |    |    |    |    |    | 1  | 1  |

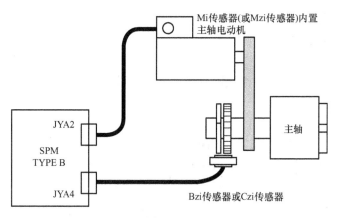

图　7-14

4）外部一转信号（接近开关）如图 7-15 所示。同时设置参数 4002、4004。

| 参数 | #7 | #6 | #5 | #4 | #3 | #2 | #1 | #0 |
|------|----|----|----|----|----|----|----|----|
| 4002 |    |    |    |    |    |    |    | 1  |
| 4004 |    |    |    |    |    | 1  |    |    |

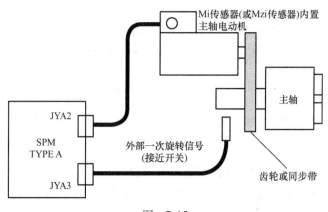

图　7-15

使用外部一转信号作为主轴位置基准，配合主轴内置传感器进行位置控制。

当主轴端的编码器或接近开关出现故障时，可以将参数 4002 的#0 设为 1，参照图 7-10、图 7-11。将参数 4002 的#2、#1 及参数 4004 的#2 设为 0，此时主轴会正常旋转，但攻丝和定向功能会受影响。

## 7.7　参考点建立的参数设定

下面介绍两种绝对编码器不带挡块的参考点的建立方法。参数 1815 设置如下：

| 参数 | #7 | #6 | #5 | #4 | #3 | #2 | #1 | #0 |
|------|----|----|-----|-----|----|----|----|----|
| 1815 |    |    | APC | APZ |    |    |    |    |

APC 位置编码器设置如下：

0：不使用绝对编码器；

1：使用绝对编码器。

APZ 使用绝对编码器时，机械位置与绝对位置编码器的位置如下：

0：不一致；

1：一致。

参考点正常建立后，参数 1815 的值如下：

| 参数 | #7 | #6 | #5 | #4 | #3 | #2 | #1 | #0 |
|------|----|----|-----|-----|----|----|----|----|
|  |  |  | APC | APZ |  |  |  |  |
| 1815 |  |  | 1 | 1 |  |  |  |  |

### 1. 无挡块式的基准点有标记点的参考点设定

在机床的特定位置设定原点。参数设定如下：

No. 1005#1 = 1，不使用挡块回参考点。

No. 1815#5 = 1，使用绝对编码器。

**设定步骤：**

1）电动机旋转两转以上远离参考点，因为系统需要检测到编码器的一转脉冲，然后关机。

2）开机，手动移动工作台，使工作台的位置与机床的标记点重合，如图 7-16 所示。

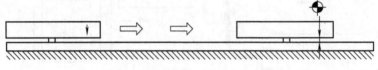

图　7-16

3）将对应轴参数 1815#4 设为 1，关机重启，参考点建立。

4）原点建立后再执行手动回参考点，系统自动判断返回方向进行定位。

**注意：**

1）不执行第一步操作，系统检测不到脉冲编码器的一转脉冲，有时原点无法建立。

2）需要手动将参数 1815 的#4 设为 1。

### 2. 无挡块式的基准点无标记点的参考点设定

参数设定如下：

No. 1005#1 = 1，不使用挡块回参考点。

No. 1815#5 = 1，使用绝对编码器。

No. 1006#6 ZMLx 设定各轴返回参考点方向，0：按正方向；1：按反方向。

**设定步骤：**

1）在手动 JOG 模式下，按照参数 1006#5 设定的方向，向返回参考点方向移动，要求两转以上，因为系统要求检测到脉冲编码器的一转脉冲，如图 7-17 所示。

2）把轴移动到欲定为参考点位置的大约 1/2 栅格之前，如图 7-18 所示。

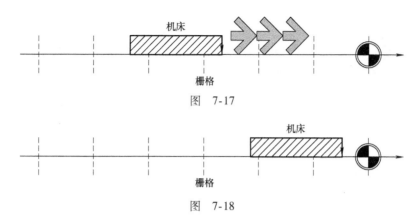

图　7-17

图　7-18

3）选择回参考点模式"REF"，按照参数 1006#5 设定的方向选择回参考点按键（如 X 轴的 1006#5 = 0，正反向回参考点，按键为 X + ），轴向参考点移动，检测到编码器一转信号的电气栅格后，参数 1815 的#4 自动设为 1，原点建立，如图 7-19 所示。

图　7-19

**注意：** 参数 1815 的#4 由系统自动设为 1，不是人为修改。

通过以上设定，系统基本可以正常移动，然后再进行 PMC 的设定和编程。

## 7.8　I/O Link i 的地址分配设定

I/O Link i 是 I/O Link 的功能和维护性的升级版，使用时需要配置特殊的 I/O Link i 用 I/O 模块，并且 I/O 点数可以扩展到 2048 点。

I/O Link i 的设定步骤如下：

1）确认 11933#0、#1 设定为 1，如图 7-20 所示。

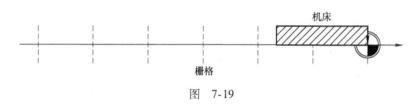

图　7-20

2）开启编辑许可，设定"编辑许可 = 是"，如图 7-21 所示。

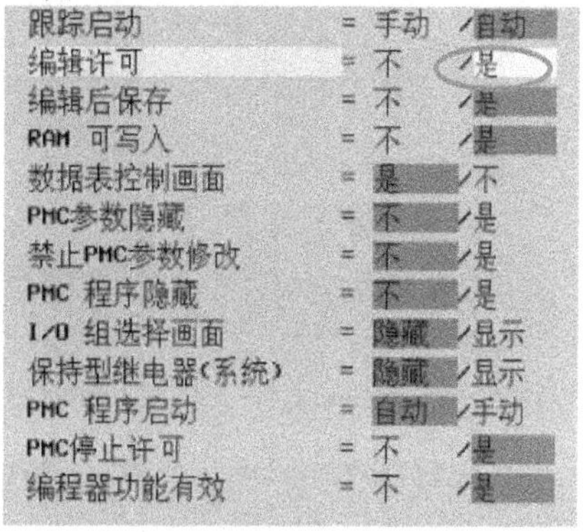

3）设定 I/O Link i。

① 按下"SYSTEM"，选择"PMC 配置"→，选择  I/O Link i，如图 7-22 所示。

② 选择图 7-22 中的"操作"，选择"编辑"，进入图 7-23 所示界面。

图　7-21

221

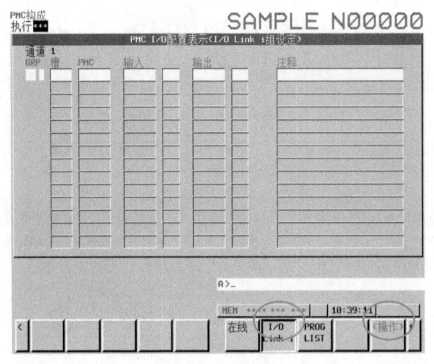

图 7-22

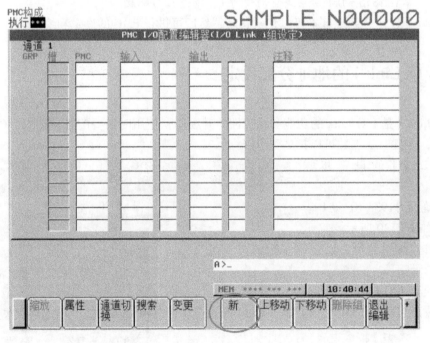

图 7-23

③ 选择图 7-23 中的 "新"，新建一个组，默认为 0 组、PMC1，如图 7-24 所示。

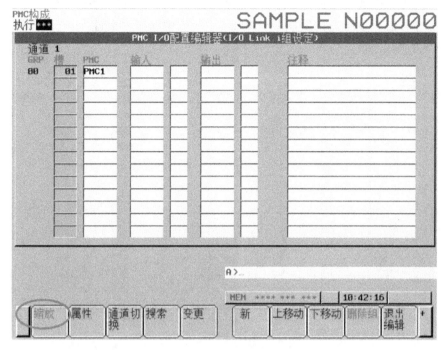

图 7-24

④ 选择图7-24中"缩放",对该组I/O设备进行设定,如图7-25所示。图中输入（X）、输出（Y）的起始地址为20,大小为16B,所以结束地址为35,即X20~X35、Y20~Y35。

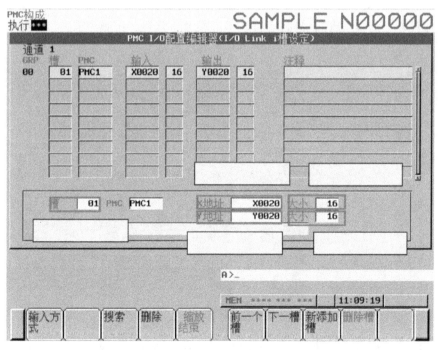

图 7-25

⑤ 选择"结束缩放"完成该组编辑。选择"新"可以增加新的组。

⑥ 配置手摇脉冲发生器需要在 I/O Link i 主界面中选择"属性",将 MPG 设为 1,在图 7-26 中显示为"*"。

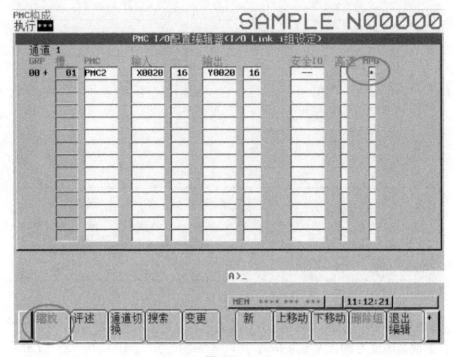

图 7-26

选择图 7-26 中的"缩放",界面增加 MPG 槽的相关设定,按照需求进行分配,如图 7-27 所示。

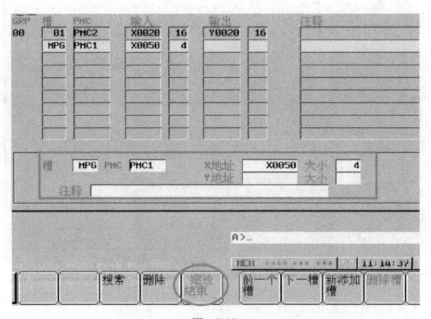

图 7-27

选择图 7-27 中的"缩放结束"，如图 7-28 所示，选择"退出编辑"，保存完成编辑。

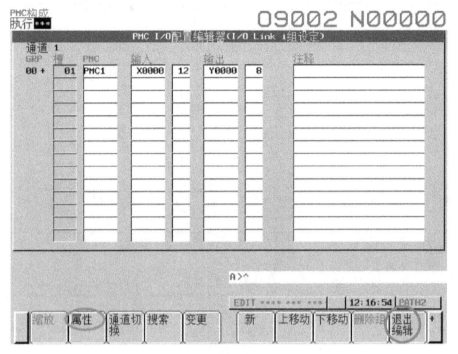

图　7-28

说明：手轮信号占用 4B，本图中起始地址为 X50 ~ X53。

⑦ I/O Link i 模块设定有效确认。选择图 7-28 中的"属性"，查看"SEL"选项，如果没有勾选，需要选择"分配选择"，勾选"SEL"，然后选择"有效"，如图 7-29 ~ 图 7-31 所示。

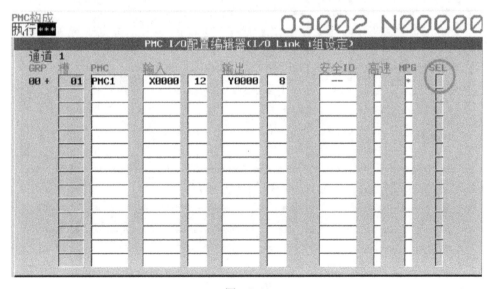

图　7-29

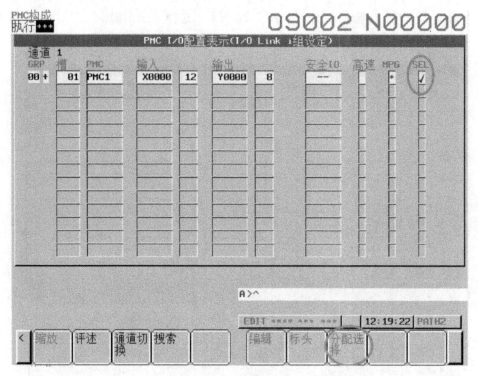

图　7-30

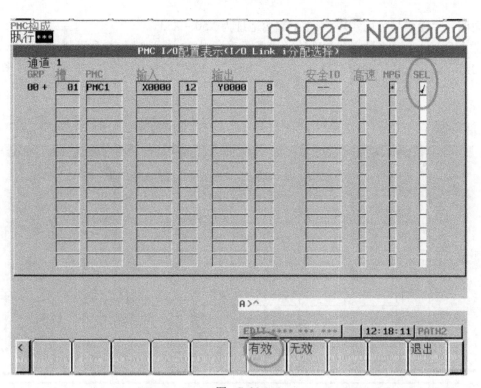

图　7-31